신재생에너지 발전설비
(태양광) 기사·산업기사

필기 완전정복 핵심 500문제 해설

김종택 편저

도서출판 금호

Prologue

  신재생에너지 발전소나 모든 건물 및 시설의 신재생에너지발전시스템 설계 및 인허가, 신재생에너지발전설비 시공 및 감독, 신재생에너지발전시스템의 시공 및 작동상태를 감리, 신재생에너지발전설비의 효율적 운영을 위한 유지보수 및 안전관리 업무 등을 수행함을 목적으로 합니다.

  이 책은 기존에 발행한 신재생에너지 기사 및 산업기사 필기 자료를 바탕으로 제작되었고 2013년 1회부터 현재 2018년 1회 시험자료를 분석, 추후 출제 될 것을 예상하여 500문제를 만들었습니다. 실질적인 문제에 대한 설명은 최대한 국내의 법령 및 자료를 곁들여 수험생이 숙지, 이해 할수 있도록 만들었습니다.

  실제 아주 잘 나오는 문제를 분석해보면,
- 전류. 전압특성, 역류방지소자. 바이패스소자, 태양전지모듈의 변환효율, 태양전지의 특성종류, 최대 전력추종 제어기능, 독립형 시스템, 상용주파 변압기 절연방식, 인버터의 단독운전 방식등, 뇌 서지 대책, 태양전지 모듈구조, 인버터 직류검출기능, 태양광 발전의 특징, 인버터 자동운전 정지 기능, 태양전지의 변환효율, 방사조도 특성, 태양전지 어레이용 가대 설계, 어레이의 경사각, 비용·편익분석방법 등, 태양광발전 시스템 발전량 산출, 계통연계 보호장치, 태양광발전 시스템의 분류, 설계 필요서류 목록, 설계도서, 태양전지 어레이 검사, 지붕거치형, 변전소, 송전, 배전, 유지관리 및 하자보수, 전압 강하, 제3종 접지공사, 신·재생에너지 사업에의 투자권고 및 신·재생에너지 이용의무화 등, 태양광발전 시스템 계측, 독립구조형 등, 제품 검사 및 시험, 기본계획과 연차별 실행계획, 용어정리, 전기공사의 종류별 하자담보책임기간, 고압 가공전선 상호 간의 접근 또는 교차, 저고압 가공전선의 안전율, 신·재생에너지 공급의무자, 저탄소 녹색성장 추진의 기본원칙, 전로의 절연저항 및 절연내력, 전선의 접속, 수도관 등의 접지극, 개폐기 및 차단기의 설치, 연도별 의무공급량의 비율, 물밑전선로의 시설, 전력시장에서의 거래, 에너지기본

계획의 수립 · 시행, 신에너지 및 재생에너지 개발 · 이용 · 보급촉진법목적, 안전관리업무의 대행 규모, 등이며,

위와 같은 500문제는 출제문제의 분석과 분석을 통해 수년에 걸쳐서 실제 문제를 유추하고 정답에 대한 설명을 충실히 부가하여 열과 성을 다하여 본서를 만들었습니다. 문제를 만들면서 시중에 나와 있는 다른 참고서의 단 한 문제도 참고 하지 않았으며, 순수 창작으로 만듦으로써 상당한 노력과 시간을 투자하였습니다. 내용이 잘못되거나 수정 보완 사항은 지속적으로 업데이트함을 약속드립니다.

수험생의 진심어린 질책은 겸허히 수용하겠으며, 본 서의 집필에 아낌없는 응원과 성원을 보내준 한국어선거래협회 관계자 및 바다해설사 지인과 지대한 관심과 충고를 아끼지 않으신 본 출판사 성 대준 사장님께 지면으로나마 머리숙여 감사를 드립니다.

김종택 배상

차 례 Contents

제 1 과목 태양광발전시스템 이론 ··· 7

제 2 과목 태양광발전시스템 설계 ··· 51

제 3 과목 태양광발전시스템 시공 ··· 95

제 4 과목 태양광발전시스템 운영 ··· 141

제 5 과목 신재생에너지 관련법규 ··· 183

제1과목

태양광발전시스템 이론
[예상문제]

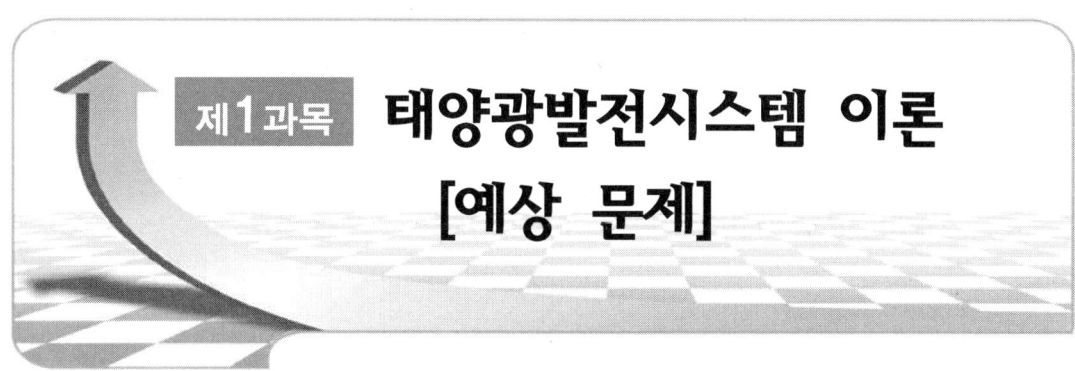

제1과목 태양광발전시스템 이론 [예상 문제]

1. 어떤 저항의 외부 회로 저항은 5[Ω]이고 전류는 8[A]가 흐른다. 외부 회로에 5[Ω] 대신에 15[Ω]의 저항을 접속하면 4[A]로 떨어진다. 전지의 기전력은 몇 [V] 인가?
   ① 100V   ② 80V   ③ 60V   ④ 40V

2. 3kW 인버터의 입력범위가 25~35 v이고, 최대출력에서 효율이 89%이다. 최대정격에서 인버터의 최대입력 전류는 약 몇 A 인가?
   ① 96   ② 113   ③ 124   ④ 135

   해설 3000 / (25×0.89) = 134.8A(최대입력전류)

3. 2012년부터 국내 총 발전량의 일정 비율을 신재생에너지로 의무화하는 제도는?
   ① REC(Renewable Energy Certificate)
   ② FIT(Feed In Tariff)
   ③ RPS(Renewable Portfolio Standard)
   ④ FERC(Federal Energy Regulatory Comission)

   해설

발전차액지원제도	FIT (Feed-in-Tariff)
신재생 에너지 공급의무화 제도	RPS (Renewable Portfolio Standard)
공급인증서의 발급 및 거래단위	REC (Renewable Energy Certificate)
신재생 연료 혼합의무화 제도	RFS (Renewable Fuel Standard)
태양광 대여 사업으로 발전되는 발전량에 대하여 부여하는 태양광 발전량 포인트	REP (Renewable Energy Point)
(미)연방 에너지 규제위원회	FERC (Federal Energy Regulatory Comission)

정답 1. ②　2. ④　3. ③

4. 태양광발전용 축전지의 방전심도에 대한 설명으로 틀린 것은?

① 방전심도를 낮게(30~40%) 설정하면 전지수명이 증가한다.
② 방전심도를 깊게(70~80%) 설정하면 전지수명이 단축된다.
③ 방전심도를 낮게(30~40%) 설정하면 잔존용량이 감소한다.
④ 방전심도를 깊게(70~80%) 설정하면 전지 이용률이 증가한다.

해설 방전심도를 30~40% 정도로 낮게 설정하면 축전지 수명이 길어지지만, 성능이나 신뢰성에 문제가 생길 수 있다.

5. 다음에서 설명하는 목질계 연료는 무엇인가?

> 목재 가공과정에서 발생하는 건조된 목재 잔재를 압축하여 생산하는 작은 원통모양의 표준화된 목질계 연료

① 목탄   ② 목질칩   ③ 목질 펠릿   ④ 목질 브리켓

해설 산림바이오매스를 이용한 '목재펠릿'은 '저탄소 녹색성장 시대'에 맞는 '목질계 청정 바이오연료'이며 목재산업의 부산물인 톱밥을 이용하여 생산하는 목재펠릿은 화석연료의 대체에너지로 이미 유럽에서는 널리 보급됨.

6. 공칭 태양전지 동작온도(NOTC)의 영향요소가 아닌 것은?

① 풍속
② 주위온도
③ 주변습도
④ 전지표면의 방사조도

해설 공칭 태양전지 동작 온도 (NOCT) ; nominal operating cell temperature (NOCT)
태양시로 정오에 일조 강도 800W/㎡, 주위 기온 20℃, 풍속 1m/s인 기준 조건일 때 모듈을 이루는 태양전지의 동작 온도.
즉, 모듈이 표준 기준 환경(Standard Reference Environment, SRE)에 있는 조건에서 전기적으로 회로 개방 상태이고 햇빛이 연직으로 입사되는 개방형 선반식 가대(open rack)에 설치되어 있는 모듈 내부 태양전지의 평균 평형 온도(접합부의 온도). (단위 : ℃)

7. 축전지 용량 4Ah을 전하량(C)으로 환산하면 얼마인가?

① 1320   ② 1480   ③ 3600   ④ 14400

해설
1) 전하량 : Q = I * T = C * V
2) 전류 I와 시간 T를 두값을 곱.
   ※ Q = I * T = 4 * 3600 = 14400[C] 입니다. ∴ 1시간 = 3600초.

정답 4. ③ 5. ③ 6. ③ 7. ④

8. 수소에너지에 대한 설명 중 틀린 것은?

① 수소에너지 사용 시 폭발방지기술, 취성방지기술 등이 필요하다.
② 공해 물질이 소량으로 배출되며 제조과정이쉽고 경제적이다.
③ 물을 분해하여 수소를 얻기 위해서는 많은양의 에너지가 필요하다.
④ 수소가 연소되거나 전기로 변환되어 산출된 물을 다시 사용 가능하다

해설 수소에너지란 사용해도 오염물질이 배출되지않는 청정에너지.

9. 12V의 GEL타입 축전지의 용량을 100Ah라 할 때 5시간동안 일정 전류를 부하에 공급하여 축전지가 방전된 경우 전류의 크기(A)는?

① 10   ② 20   ③ 100   ④ 500

해설 보통 축전지의 용량은 특별히 명시되어 있지 않는 한, 10시간율로 표시,
100Ah의 축전지는 10(A)로 방전시키면 10시간동안 사용할 수 있는 것을 나타냄.
그러므로 문제에서는 5시간 방전된 경우이므로 전류크기는 20A.

10. 연료전지에 사용하는 전해질의 종류가 아닌 것은?

① 인산   ② 알칼리   ③ 실리콘   ④ 용융탄산염

해설 연료전지는 전해질의 종류에 다라 전해질 연료전지와 인산형 연료전지, 용융탄산염 연료전지, 고체 산화물 연료전지, 알칼리 연료전지, 직접 메탄올 연료전지 등으로 나눔.

11. 태양광발전시스템은 에레이 설치 형태에 의한 발전시스템으로 구분하고 있다. 에레이 설치 형태에 따른 종류가 아닌 것은?

① 추적식   ② 반고정식   ③ 고정식   ④ 유동식

해설 [어레이 설치형태에 따른 분류]
① 추적식 어레이(Tracking array)
  ○ 추적 방향에 따른 분류
    - 단방향 추적식 : Y-axis tracking, X-axis tracking
    - 양방향 추적식(double axix tracking) : 상하좌우를 동시에 추적, 고정형에 비해 40% 증가.
② 반고정 어레이(semi-fixed array)
  ; 태양전지 어레이를 계절 또는 월별에 따라서 상하로 경사를 변화, 고정형에 비해 20%증가.
③ 고정 어레이(fixed array)
  ; 국내의 경우 도서용 태양전지 시스템에서는 고정형 시스템을 표준으로 하고 있다.

정답 8. ② 9. ② 10. ③ 11. ④

12. PV발전시스템의 일사강도 열이용분야에 따른 단위의 종류가 아닌 것은?

① $cal/cm^2 \cdot min$ ② $kcal/m^2 \cdot h$ ③ Mj/m^2 ④ kW/m^2

해설 – 일사강도는 단위면적, 단위시간 당의 에너지 밀도로 표시된다.
- 열이용분야 : $cal/cm^2 \cdot min$, $kcal/m^2 \cdot h$, Mj/m^2.
- 전력이용분야 : kW/m^2, MW/cm^2, $j/cm^2 \cdot min$.

13. 태양복사에 대한 용어설명으로 어긋나는 것은?

① 태양복사는 대기가 일정부분흡수(absorption)하고 일부는 산란(scattering)되며 나머지는 지표면에 닿는다.
② 반사 : 복사가 어떤물질의 표면에 반사되어 되돌아가는 과정이며 어떤 물체가 되돌아 갈 수 있는 백분율을 반사율(albedo)이라 한다.
③ Mie의 산란 : 공기오염등에 의한 에어로졸과 같이 상대적으로 큰입자들에 의한 산란.
④ 현열 : 온도변화 없이 상태 변화에 따라 필요한 에너지.

해설 – 대류의 에너지전이 : 현열(sensible heat) : 온도변화가 수반됨.
- 잠열 : 온도변화 없이 상태변화에 따라 필요한 에너지.

14. 태양광발전시스템의 그림이다 구체적으로 어떤 시스템을 표현한 것인가?

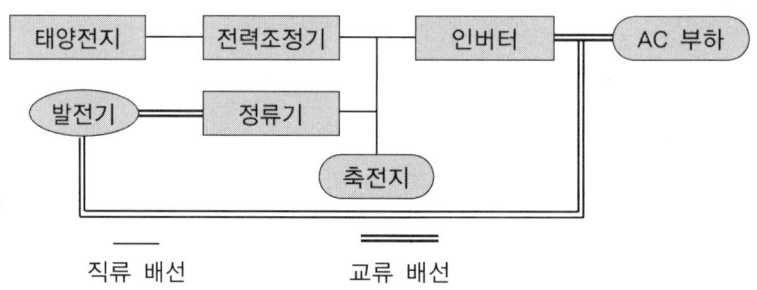

① 계통선 연계형 태양광 시스템
② 100kw이상 계통 연계형 태양광 시스템
③ 보조발전기 보완형 독립형 태양광 시스템
④ 교류부하용 독립형 태양광 시스템

정답 12. ④ 13. ④ 14. ④

해설 교류부하용 독립형 태양광 시스템

태양전지 — 전력조정기 — 인버터 — AC 부하
                              └─ ─ ─ ─ DC 부하
                   └ 축전

15. 태양광 발전모듈의 분류중 연계형 시스템과 관련 <u>없는</u> 것은?
① 상시연계형 시스템 ② 독립형 시스템
③ 역조류있는 시스템 ④ 절체연계시스템

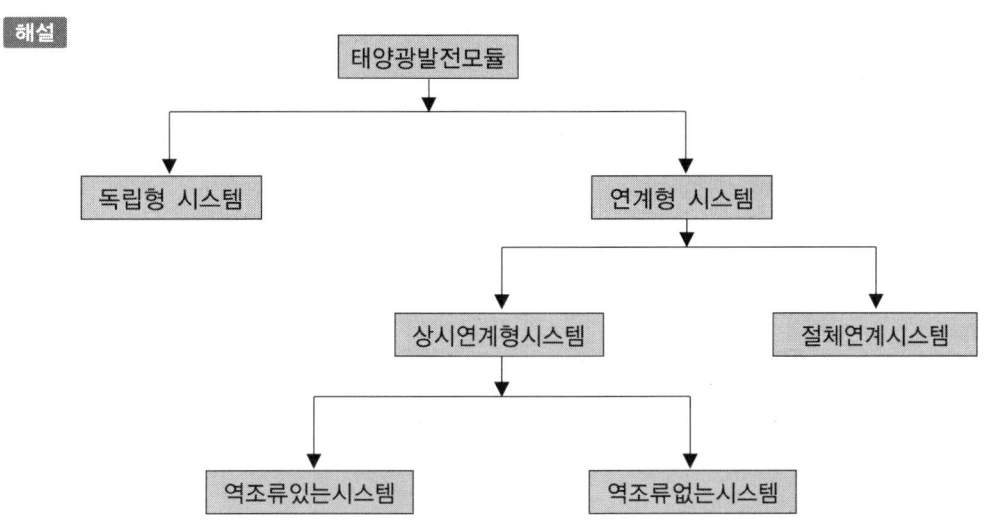

16. 태양광 발전보호장치중 연계보호릴레이식의 시험방법의 내용이 <u>아닌</u> 것은?
① 릴레이 시험은 태양전지가 충분히 발전을 하고 있는 상태에서 행한다.
② 트랜스함의 교류출력 MCCB를 오프한 상태에서, 조작판넬의 운전스위치를 「운전」에 둔다.
③ 릴레이시험 입력단자에 시험전압, 주파수를 인가하는 것에 의해 정정치·시간의 시험이 가능하다.
④ 스위치는 견고하게 부착되어 있으므로 레버를 고정하여야 한다.

정답 15. ② 16. ④

해설 [연계보호릴레이식의 시험방식]
LINEBACK은 정기적인 릴레이 시험을 하기 위해 릴레이 시험 입력단자가 준비되어 있다. 릴레이의 시험 방법은 다음과 같다.
① 릴레이 시험은 태양전지가 충분히 발전을 하고 있는 상태에서 행한다.
② 트랜스함의 교류출력 MCCB를 오픈한 상태에서, 조작판넬의 운전스위치를 「운전」에 둔다.
③ 연계보호 릴레이의 「RUN」의 램프가 점멸하고 있는 것을 확인한다.
④ 릴레이 시험 스위치를 「시험」측에 둔다.(스위치는 견고하게 부착되어 있으므로 레버를 조금 잡아당겨야 한다.) 이것에 의해 연계보호 릴레이의 압력이 릴레이시험입력으로 교체된다.
⑤ 릴레이시험 입력단자에 시험전압, 주파수를 인가하는 것에 의해 정정치·시간의 시험이 가능하다. 또한 UFR, OFR에 대해서는 U상만으로 V상은 없다. 또한 정정시간 시험에는, 릴레이시험출력단자(무전압 a접점: 動作時만듬)를 사용하여 릴레이 시험시에 트리거를 걸면 쉽게 측정이 가능하다. (시험 출력단자는 2φ핀잭이다)
⑥ 릴레이시험 입력단자의 사용방법(시험 입력단자는 2φ핀잭이다)
　　단상3선 200V : U–O, V–O간
　　단상2선 200V : U–V간
　　단상2선 200V : U–O간

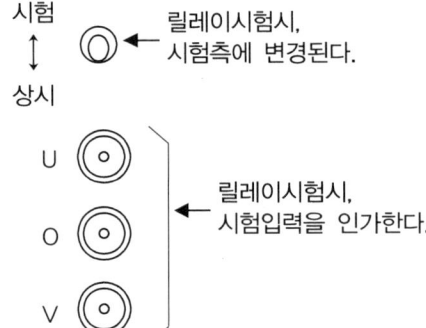

17. 계통연계 인버터는 품질 및 기능, 성능을 가지도록 해야 한다. 그 내용으로 틀린 것을 고르면?
① 태양광의 유효이용 : 최대전력점 추적제어(MPPT)에 의해 최대전력을 뽑아내도록 할 것
② 태양광의 유효이용 : 저출력시의 고정손실을 적게 할 것
③ 공급안정성 및 안전성 : 경미한 계통변동에 과잉응답할수 없다.
④ 전력품질에 관하여 : 고조파발생이 클 것

정답　17. ④

해설 - 인버터의 전력품질에 관하여
① 고조파발생이 적을 것
② 무효전력이 적을 것
③ 노이즈가 적을 것

18. 주택 태양광 발전 시스템의 계통연계형설비기기에 대한 설명으로 틀린 것은?

① 인버터 : 원칙으로는 자려식을 쓴다.
② 인버터 : 자립운전하지 않는 경우는 전류제어형을 쓴다.
③ 직류절연 : 원칙으로는 변압기를 설치한다.
④ 전기방식 : 연계되는 송전선의 전기방식과 다르다.

해설 연계되는 송전선의 전기방식과 동일하다.

19. 주택 태양광 발전 시스템의 계통연계형설비기기에 대한 가이드 라인 설명으로 틀린 것은?

① 전력품질조건: 배전선의 전력품질과 안정성을 저하시키지 않는 일.
② 안정성요건: 송전선의 안정성을 위협하지 않는 일.
③ 자기보호요건: 배전선의 사고나 이상전압 등으로부터 발전장치 자신을 보호할 수 있는 일.
④ 보안연락체제: 안전확보는 기술면에 대처하며, 특별하게 의무부착하지 않는다.

해설 1. 전력품질조건 : 배전선의 전력품질과 안정성을 저하시키지 않는 일.
2. 안정성요건 : 배전선의 안정성을 위협하지 않는 일.
3. 자기보호요건 : 배전선의 사고나 이상전압 등으로부터 발전장치 자신을 보호할 수 있는 일.
4. 보안연락체제 : 안전확보는 기술면에 대처하며, 특별하게 의무부착하지 않는다.

20. 주택 태양광 발전 시스템의 계통연계형설비내량(50kW미만)기준의 설명으로 틀린 것은?

① 단상2선식: 4kVA이하
② 단상3선식: 15kVA이하
③ 삼상3선식: 50kVA미만
④ 삼상3선식: 50kVA이상

해설	설비내량	○ 50kW 미만, 자동전압조정을 전제에 다음 목표로 쓴다. - 단상 2선식 : 4kVA이하 - 단상 3선식 : 15kVA이하 - 삼상 3선식 : 50kVA미만

정답 18. ④ 19. ② 20. ④

21. 독립형 태양광 발전 시스템이 사용하는 전기기기의 내용으로 옳게 된 것은?

① 직류12V/60W의 전구, 교류220V/440W
② 직류24V/60W의 전구, 교류110V/440W
③ 직류24V/60W의 전구, 교류220V/440W
④ 직류12V/60W의 전구, 교류110V/440W

해설 [독립형 태양광 발전 시스템 사용하는 전기 기기]
가. 직류기기 = 12V / 60W의 전구 (1일 2시간 사용)
나. 교류기기 = 220V / 440W의 전자제품 (1일 3시간 사용)
1. 1일 사용에, 전구는 2시간, 퍼스널 컴퓨터는 3시간 사용하는 것으로 한다.
2. 우천시나 야간에서의 사용을 고려하고, battery에 모아 둔 전기만으로 5일간 가동할 수 있는 것으로 한다.
3. 시스템 전압은 12V로 결정한다.

22. PV시스템 성능분석에 따른 산출 공식이 올바르지 <u>않는</u> 것은?

① 태양광어레이변환효율(PV Array conversion efficiency)
= 태양광어레이 출력전력(kW) / 경사면일사량(kWh/㎡) × 태양전지어레이면적(㎡)
② 시스템발전효율(System Efficiency)
= 시스템발전전력량(kWh) / 경사면일사량(kWh/㎡) × 태양전지어레이면적(㎡)
③ 태양에너지의존율(Dependency on Solar Energy)
= 시스템발전전력량(kWh) 혹은 전력량(kWh) / 부하소비전력(kW) 혹은 전력량(kW)
④ 시스템 가동율 (System Availability)
= 시스템발전전력량(kWh)/24(h)×운전일수(day)×태양전지어레이설계용량(표준상태)

해설 – 시스템이용률(Capacity Factor)
= 시스템발전전력량(kWh) / 24(h) × 운전일수(day) × 태양전지어레이설계용량(표준상태)
– 시스템 가동율 (System Availability)
= $\dfrac{\text{시스템 동작시간 (h)}}{24(h) \times \text{운전 일 수 }(day)}$

정답 21. ① 22. ④

23. PV시스템 성능분석에 따른 산출 공식이 올바르지 않는 것은?

① 시스템 일조 가동율(System Availability per Sunshine Hour)

$$= \frac{\text{시스템 동작시간 (h)}}{\text{가조 시간(h)}}$$

② 시스템 가동율(System Availability)

$$= \frac{\text{시스템 동작시간 (h)}}{24(h) \times \text{운전 일 수 } (day)}$$

③ 시스템발전효율(System Efficiency)
   = 시스템발전전력량(kWh) 혹은 전력량(kWh) / 부하소비전력(kW) 혹은 전력량(kW)

④ 시스템이용률(Capacity Factor)
   = 시스템발전전력량(kWh)/24(h)×운전일수(day)×태양전지어레이설계용량(표준상태)

해설 – 시스템발전효율(System Efficiency)
   = 시스템발전전력량(kWh) / 경사면일사량(kWh/㎡) × 태양전지어레이면적(㎡)
   – 태양에너지의존율(Dependency on Solar Energy)
   = 시스템발전전력량(kWh) 혹은 전력량(kWh) / 부하소비전력(kW) 혹은 전력량(kW)
   ※ 가조시간 : 태양에서 오는 직사광선, 즉 일조를 기대할 수 있는 시간.

24. PV시스템 성능 및 손실은 어쩔 수 없이 발생한다. 발생구분에 따른 내용이 틀린 것은?

① 설치환경에 따른 성능손실구분 : 그늘, 오염 및 열화.
② 설치환경에 따른 성능손실구분 : 홍수, 온도상승, 입사각변동.
③ 설계제어에 따른 성능손실구분 : 직류회로, 미스매치, PV모듈 및 어레이.
④ 설계제어에 따른 성능손실구분 : PCS, 전압상승, 고장 및 정지, 스트링 결함.

해설 – 설치환경에 따른 성능손실구분 : 그늘, 오염 및 열화, 적설, 온도상승, 입사각변동.
   – 설계제어에 따른 성능손실구분 : 직류회로, 미스매치, PV모듈 및 어레이, PCS, 전압상승, 고장 및 정지, 스트링 결함.

25. PV시스템 평가분석의 중요성에 따른 내용이 아닌 것은?

① 사용용도에 적합한 모델만 개발.
② 에너지 이용효율 향상에 따른 경제성, 환경개선.
③ 모니터링으로 수집된 데이터분석 기술향상.
④ 고효율 다기능 고신뢰성의 PV모듈 및 PCS의 기술개발.

정답 23. ③   24. ②   25. ①

해설 [PV시스템평가분석의중요성]
- 저가, 고성능, 고신뢰성 기술 개발.
- 에너지이용효율 향상에 따른 경제성, 환경개선.
- 사후운영관리 및 유지점검의 최적화, 편의성 확보.
- 고효율 다기능 고신뢰성의 PV모듈 및 PCS의 기술개발.
- 사용용도에 맞는 다양한 보급모델.
- 신뢰성 및 안정성을 가진 최적설계시공 기술.
- 가이드라인, 성능기준 표준화 및 규격화.
- 모니터링으로 수집된 데이터 분석기술 향상.

26. 태양에너지의 흐름에 따른 손실의 발생결과에 대한 설명중 틀린 것은?
① 태양 : 태양고도 방위변화로 인한 반사각.
② 태양전지 어레이면 수광에너지 : 태양전지의 변환효율.
③ 태양전지어레이의 예측출력치 : 배선회로에 의한 손실.
④ PCS입력 : 인버터 효율 손실.

해설 [태양에너지의 흐름과 손실의 발생 상황]

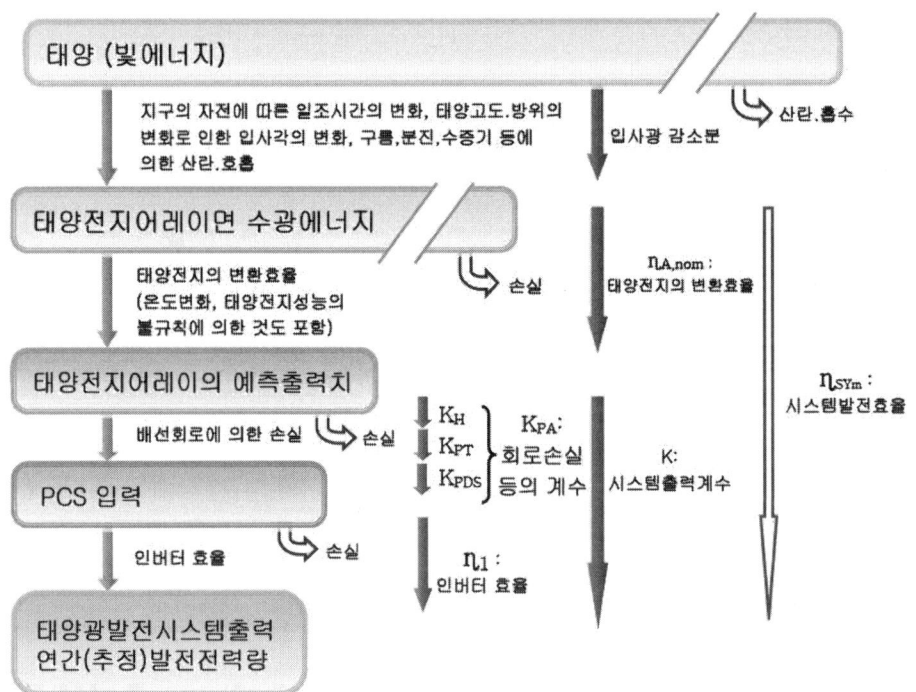

정답 26. ①

[PV시스템 성능 발생손실]

27. Fill Factor(충진계수) 판정으로 틀린 내용은?

① 40% 이하 : Cell 고장
② 41~50% 이하 : 나뭇잎, 부분음영
③ 51~60% 이하 : 구름, 황사
④ 61~70% 이하 : 정상상태

해설 — Fill Factor(충진계수) 판정
1) 40% 이하 : Cell 고장
2) 41~50% 이하 : 나뭇잎, 부분음영
3) 51~60% 이하 : 구름, 황사
4) 61~70% 이하 : 셀열화
5) 71% 이상 : 정상상태

28. 태양광 모듈의 특성으로 틀린 내용은?

① 태양전지모듈에 입사된 광 에너지가 변환되어 발생하는 전기적 출력의 특성을 전압-전류 특성이라 한다.
② 모듈의 표면온도가 높게 되면 출력이 저하하는 부(-)의 온도 특성을 가진다.

정답 27. ④ 28. ③

③ 방사를 받는 모듈 표면의 온도는 외기온도에 비례해서 청천시 20~40℃정도 높게 되기 때문에 기준상태에서의 출력에 비해서 상승한다.
④ 계절에 의한 온도 변화에 의해서 출력이 변동하기 때문에 방사온도가 동일한 조건에서 실제 출력은 하절기에 비해서 동절기에 더 크다.

해설 [태양광 모듈의 특성]
태양전지모듈에 입사된 광 에너지가 변환되어 발생하는 전기적 출력의 특성을 전압-전류 특성이라 한다. 그 곡선을 V-I 특성 곡선이라 한다.
- 최대 출력(Pm) : 최대출력 동작전압(Vpm) × 최대출력 동작전류(Ipm)
- 개방 전압(Voc) : 정 부극간이 개방 상태에서의 전압
- 단락 전류(Isc) : 정 부극간을 단락한 상태에서 흐르는 전류
- 최대출력동작전압(Vpm) : 출력최대시의 동작전압
- 최대출력동작전류(Ipm) : 출력최대시의 동작전류

모듈의 표면온도가 높게 되면 출력이 저하하는 부(-)의 온도 특성을 가진다. 방사를 받는 모듈 표면의 온도는 외기온도에 비례해서 청천시 20~40℃정도 높게 되기 때문에 기준상태에서의 출력에 비해서 저하한다. 또한 계절에 의한 온도 변화에 의해서 출력이 변동하기 때문에 방사온도가 동일한 조건에서 실제 출력은 하절기에 비해서 동절기에 더 크다.

29. 태양광 모듈의 구조로 틀린 설명은?

① 단결정, 다결정 태양전지는 약 4mm 두께의 얇은 판이다.
② 태양전지모듈은 충분히 사용할 수 있도록 태양전지를 서로 연결시키고 판 형태로 마감한 것이 모듈이라 한다.
③ 크기는 최소 기본 단위로서 셀(10cm×12.5cm에서 15cm×15cm)을 수 10매를 둥근 규소 덩어리로부터 만들어졌다.
④ 내후성 패키지에 수납하여, 소정의 전압, 출력을 얻도록 서로 납땜으로 연결되어 만들어진 것을 태양전지모듈이라 부른다.

해설 태양전지모듈은 충분히 사용할 수 있도록 태양전지를 서로 연결시키고 판 형태로 마감한 것이 모듈이라 한다.
단결정, 다결정 태양전지는 약 0.4mm 두께의 얇은 판이며, 크기는 최소 기본 단위로서 셀(10cm×12.5cm에서 15cm×15cm)을 수 10매를 둥근 규소 덩어리로부터 만들어져 모양이 원형이나 사각형 또는 사각형의 모서리를 자른 형태로 제작 되는데, 예를 들면 36~72매 정도,내후성 패키지에 수납하여, 소정의 전압, 출력을 얻도록 서로 납땜으로 연결되어 만들어 진 것을 태양전지모듈이라 부른다.

정답 29. ①

30. 태양광 모듈의 구조로 틀린 설명은?

① 태양전지 셀을 내후성이 좋은 EVA(에틸렌비닐 아세테이트 : Ethylene-Vinyl-Acetate) 등의 투명수지 등으로 봉입하고, 표면 커버로서 무색투명의 강화유리(통상적 3mm 두께의 유리)를, 뒷면 커버에는 보호용 필름을 사용하고 있다.
② 뒷면에는 모듈간을 전기적으로 접속하기 위한 접속단자가 취부 되어 있다.
③ 박막형 모듈은 직접 본체에 박막이 형성되어지고 그 형성 공정에서 서로 전기적 연결이 이루어지며, 덮게 재질은 보호용 필름을 사용하고 있다
④ 건물 일체형 BIPV(Building Integrated Photovoltaic)의 경우 다양한 형태로 개발되어 시설되고 있는데, 특징은 건물 유리창에 설치해도 재질이 투명하기 때문에 유리와 같은 효과가 나면서도 태양광발전을 할 수 있는 큰 장점이 있다.

해설 기본적으로는 태양전지 셀을 내후성이 좋은 EVA(에틸렌비닐 아세테이트 : Ethylene – Vinyl-Acetate) 등의 투명수지 등으로 봉입하고, 표면 커버로서 무색투명의 강화유리(통상적 3mm 두께의 유리)를, 뒷면 커버에는 보호용 필름을 사용하고 있다. 또한 뒷면에는 모듈간을 전기적으로 접속하기 위한 접속단자가 취부 되어 있다. 그리고 최근에는 이러한 형태를 이용한 양면모듈(예로 전면 100W의 경우 뒷면에 최대 50W 또는 80W로 즉, 100W의 모듈로 총 150~180W효과를 냄)이 생산되어 판매되고 있다.
박막형 모듈은 직접 본체에 박막이 형성되어지고 그 형성 공정에서 서로 전기적 연결이 이루어지며, 덮게 재질은 역시 유리가 적용된다. 그러나 예외적으로 미국의 유니쏠라(Uni Solar)사에서 판매하고 있는 3겹 전지(Triple cell)는 그 모듈의 구조가 다르다. 여기서는 아몰퍼스 규소(a-Si)가 3겹으로, 소위 Roll-to-Roll 공정에 의해 아주 얇고 굽혀지기도 하는 스테인레스 본체에 입혀지며 실리콘류의 코팅을 통해 보호되며, 효율은 약 8%정도이다. 또한 일본의 후지사에서 출시되고 있는 박막형의 경우도 이와 유사하다.
최근 빠르게 발전되어 가고 있는 건물 일체형 BIPV(Building Integrated Photo –voltaic)의 경우 다양한 형태로 개발되어 시설되고 있는데, 이 제품의 특징은 건물 유리창에 설치해도 재질이 투명하기 때문에 유리와 같은 효과가 나면서도 태양광발전을 할 수 있는 큰 장점이 있어, 향후 건축물에 다양하게 응용될 수 있을 것으로 기대된다. 일반적으로 BIPV 설치면적은 10㎡당 1kW의 전력을 생산할 수 있다.

31. 태양광 모듈을 시공함에 있어서 건물의 옥상이나 외벽 또는 옥외지상에 설치하는 경우가 대부분, 고가이며 장기적으로 안전하게 시설해야 하므로 내진대책도 중요하다. 강풍이나 지진에 대한 대책 2가지를 고르면?

① 내진설계와 면진설계
② 내진설계와 항복강도설계
③ 최대응력설계와 면진설계
④ 기초최대응력설계와 내진설계

정답 30. ③ 31. ①

해설 [내진대책]

건물의 옥상이나 외벽 또는 옥외지상에 설치하는 경우가 대부분, 고가이며 장기적으로 안전하게 시설해야 하므로 내진대책도 중요하다.
강풍은 물론이고 지진발생시 그 성능에 지장을 주지 않도록 시설하는 것이 중요하다.
강풍이나 지진에 대한 대책에는 <u>내진설계와 면진설계</u>가 있다.
내진설계란 설비자체를 지진에 견딜 수 있도록 설계하는 것을 말하며,
면진설계는 지진파와 건축물 등의 진동이 공진점에 도달하지 않고 피할 수 있도록 설계를 하는 방법을 말한다.

32. 바이패스 다이오드(by-pass diode)에 대한 설명으로 틀린 것은?

① 모듈 중 일부의 태양전지 셀이 그늘지게 되면 그 부분의 발전량이 저하하는 것과 함께 단순한 다이오드의 역접속으로 되어 저항에 의한 발열을 일으킨다.

② ①같은 경우에 대비하여 그 부분을 바이패스를 함으로서 출력저하와 발열을 최소한 억제하기 위하여 일반적으로 단자함 안에 바이패스 다이오드를 내장하고 있다.

③ 태양전지 셀 1매마다 바이패스 다이오드의 기능을 갖도록 하여 그늘 등이 발생한 경우 출력저하를 방지하고 있는 제품도 있다.

④ 케이블의 플러스(+)와 마이너스(-)로 되어 있고 케이블 색에 의한 표시나 단자함으로 표시되어 있다.

해설 [리드선(절연전선)]

리드선에는 일반적으로 가교 폴리에치렌 절연 비닐시즈케이블(CV케이블)이 많이 이용되고 있다.
규격은 회사별 모듈 출력에 의해서 다르다.
<u>리드선의 극성표시는 케이블의 플러스(+)와 마이너스(-)로 되어 있고 케이블 색에 의한 표시나 단자함으로 표시되어 있다.</u> 한편 케이블 색에 의한 표시는 회사별, 나라별에 의해서 각각 다르기 때문에 설계나 시공 시 주의하여야 한다.

33. 태양광 모듈의 시공 설치 관련 분류 종류로 틀린 것은?

① 추적식 어레이(Tracking array)

② 반고정형 어레이(Semi-fixed array)

③ 양축추적형 어레이(fixed array)

④ 고정형 어레이(Fixed array)

해설 [태양광 모듈 설치 <u>지지대</u>에 따른 분류]
- 주택이나 일반건물에 설치시 : 지붕건재형, 지붕설치형, 벽건재형, 벽설치형, 차양형, 톱라이트형.
- 대지에 설치시 : 고정형, 가변고정형, 단축추적형, <u>양축추적형.</u>

정답 32. ④ 33. ③

34. 태양광 모듈 설치 용량에 따른 분류로 틀린 것은?

① 소형태양광이용시스템 : 적은 용량의 태양전지를 이용하여 필요한 기기나 설비 등에 부착시켜 전원을 공급하는 형태.
② 소규모 태양광 발전시스템 : 100kW 미만의 발전사업자용과 건축물에 연결하는 계통연계형 및 비상 전원공급을 위한 시스템.
③ 중규모 태양광 발전시스템 : 100kW~500kW 정도로 발전사업자용과 건축물에 연결하는 계통연계형 및 비상 전원공급을 위한 시스템.
④ 대규모 태양광 발전시스템 : 보통 500kW급 이상의 태양광 발전소.

해설
- 소형태양광이용시스템 : 적은 용량의 태양전지를 이용하여 필요한 기기나 설비 등에 부착시켜 전원을 공급하는 형태.
1. 소규모 태양광 발전시스템 : 100kW 미만의 <u>태양전지 용량을 갖는 발전소 형태의 발전시스템.</u>
2. 중규모 태양광 발전시스템 : 100kW~500kW 정도로 발전사업자용과 건축물에 연결하는 계통연계형 및 비상 전원공급을 위한 시스템.
3. 대규모 태양광 발전시스템 : 보통 500kW급 이상의 태양광 발전소.

35. 아래는 태양광 모듈 설치 용량에 따른 분류의 특징을 설명하였다. 어느 부류의 정의인가?

> 1. 태양전지 어레이 경사각을 계절 또는 월별에 따라서 상하로 위치를 변화시켜주는 어레이 지지방식.
> 2. 각 계절에 한 번씩 어레이 경사각을 수동으로 변화시킨다.
> 3. 어레이 경사각은 설치 지역의 위도에 따라서 최대 경사면 일사량을 갖도록 조정한다.

① 단방향 추적식(Single axis tracking)
② 감지식 추적법(Sensor tracking)
③ 반고정형 어레이(Semi-fixed array)
④ 집광형 태양전지모듈(Concentrated solar cell module)

해설 [반고정형 어레이 (Semi-fixed array)]
태양전지 어레이 경사각을 계절 또는 월별에 따라서 상하로 위치를 변화시켜주는 어레이 지지방식. 일반적으로 각 계절에 한 번씩 어레이 경사각을 수동으로 변화시킨다. 이때 어레이 경사각은 설치 지역의 위도에 따라서 최대 경사면 일사량을 갖도록 조정한다.
반고정형 어레이의 발전량은 고정형과 추적식의 중간 정도로써 고정형에 비교하여 평균 20% 정도 발전량이 증가한다.

정답 34. ② 35. ③

36. 태양광 모듈 설치와 관련하여 빈칸에 각각 들어갈 내용으로 맞는 것은?

> (가) : 프로그램 추적방식과 감지식 추적방식을 동시에 만족할 수 있도록 보완된 방식프로그램 추적법을 중심으로 운영하도록 하되, 설치 위치에 따라 발생하는 편차를 감지부를 이용하여주기적으로 보정 수정해 주는 방식으로, 추적방식 중 일반적으로 가장 이상적인 추적방식으로 이용.
>
> 반고정형 어레이의 발전량은 고정형과 추적식의 중간 정도로써 고정형에 비교하여 평균 (나) 정도 발전량이 증가한다.
>
> 집광형 태양전지모듈(Concentrated solar cell module)은 반드시 집광된 광선이 태양전지 전면에 입사될 수 있도록 (다) 어레이로 구성되어야 한다. 일반적으로 고가의 태양전지 재료를 사용하여 제작된 고효율의 태양전지에 많이 이용.

① 가 : 반고정형,　　　　나 : 10%,　　다 : 양방향 추적식
② 가 : 혼합식 추적법,　　나 : 20%,　　다 : 양방향 추적식
③ 가 : 혼합식 추적법,　　나 : 30%,　　다 : 단방향 추적식
④ 가 : 감지식 추적법,　　나 : 10%,　　다 : 프로그램 추적식

해설
- 혼합식 추적법(Mixed tracking) : 프로그램 추적방식과 감지식 추적방식을 동시에 만족할 수 있도록 보완된 방식프로그램 추적법을 중심으로 운영하도록 하되, 설치 위치에 따라 발생하는 편차를 감지부를 이용하여 주기적으로 보정 수정해 주는 방식으로, 추적 방식 중 일반적으로 가장 이상적인 추적방식으로 이용.
- 반고정형 어레이 (Semi-fixed array)
  태양전지 어레이 경사각을 계절 또는 월별에 따라서 상하로 위치를 변화시켜주는 어레이 지지방식.
  일반적으로 각 계절에 한 번씩 어레이 경사각을 수동으로 변화시킨다. 이때 어레이 경사각은 설치 지역의 위도에 따라서 최대 경사면 일사량을 갖도록 조정한다.
  반고정형 어레이의 발전량은 고정형과 추적식의 중간 정도로써 고정형에 비교하여 평균 20% 정도 발전량이 증가한다.
- 집광형 태양전지모듈(Concentrated solar cell module)
  프랜넬 렌즈(Plannel lens) 등을 사용하여 태양광선을 집광시킨 뒤에 태양전지에 집광된 빛을 조사시켜 발전하는 태양전지모듈.
  반드시 집광된 광선이 태양전지 전면에 입사될 수 있도록 양방향 추적식 어레이로 구성되어야 한다. 일반적으로 고가의 태양전지 재료를 사용하여 제작된 고효율의 태양전지에 많이 이용.
  집광형으로 설치 시에는 집광율에 많은 열이 발생하여 변환 효율이 온도상승에 따라 비례적으로 감소하므로, 공랭식 또 수냉식 강제냉각시스템을 부착시켜 온도 상승을 막는다. 생산가격이 높고, 구조가 복잡하여 아직까지 경제성이 미흡한 것으로 알려져 있다.

정답 36. ②

제1과목 태양광발전시스템 이론 - 예상 문제

37. 소규모태양광발전시스템은 100kW 미만의 태양전지 용량을 갖는 발전소 형태의 발전시스템이다. 설치장소로 적당치 <u>않는</u> 것은?

① 등대용 전원
② 산간벽지 전원
③ 비상 전원공급을 위한 시스템
④ 주택용 시스템

해설
- <u>소규모 태양광발전 시스템</u>
  100kW 미만의 태양전지 용량을 갖는 발전소 형태의 발전시스템.
  등대용 전원, 도서용 전원, 주택용 시스템, 산간벽지 전원, 비상대피소 전원 등 계통선의 공급이 어려운 지역에 많이 이용되고 있으며 발전사업자용으로도 소규모 태양광발전시스템에 적용하고 있다.
- 중규모 태양광발전 시스템
  100kW~500kW 정도로 발전사업자용과 건축물에 연결하는 계통연계형 및 <u>비상 전원공급을 위한 시스템.</u>
  국내에 가장 많이 시설되어 있는 규모로 발전사업자용으로 전력회사 배전계통과 연계하여 발전하는 설비와 또는 계통선 공급이 어려운 지역의 독립 전원용으로 시설되고 있다.

38. 태양광 모듈 설치 용량에 따른 분류중 우리나라에서 가장 많이 설치되어있는 태양광발전시스템은?

① 소규모태양광발전시스템
② 중규모태양광발전시스템
③ 대규모태양광발전시스템
④ 고정형 어레이(Fixed array)

해설 [중규모태양광발전시스템]
100kW~500kW 정도로 발전사업자용과 건축물에 연결하는 계통연계형 및 비상 전원공급을 위한 시스템. <u>국내에 가장 많이 시설되어 있는 규모</u>로 발전사업자용으로 전력회사 배전계통과 연계하여 발전하는 설비와 또는 계통선 공급이 어려운 지역의 독립 전원용으로 시설되고 있다.

39. 태양광 모듈 설치 용량에 따른 분류중 외국에서 가장 많이 설치되어 있는 태양광발전시스템은?

① 소규모태양광발전시스템
② 중규모태양광발전시스템
③ 대규모태양광발전시스템
④ 고정형 어레이(Fixed array)

해설 [대규모태양광발전시스템]
보통 500kW급 이상의 태양광 발전소. 외국의 경우 주로 국가 또는 전력공급회사에서 상용발전소 개념을 도입하여 계통선과 연계운영 하는 대용량 시스템을 말하고 있다. 현재 <u>미국, 독일, 일본</u> 등에서 시범사업 형태로 수십 개 정도 설치 운영되고 있다.

정답 37. ③ 38. ② 39. ③

40. 집광형 태양전지모듈(Concentrated solar cell module)은 프랜넬 렌즈(Plannel lens) 등을 사용하여 태양광선을 집광시킨 뒤에 태양전지에 집광된 빛을 조사시켜 발전하는 태양전지모듈이다. 장.단점이 아닌 것은?

① 일반적으로 고가의 태양전지 재료를 사용하여 제작된 고효율의 태양전지에 많이 이용.

② 집광형으로 설치 시에는 집광율에 많은 열이 발생한다.

③ 도서지역 등 풍속이 강한 곳에 설치하는 것이 바람직하다.

④ 생산가격이 높고, 구조가 복잡하여 아직까지 경제성이 미흡하다.

> **해설** 고정형 어레이(Fixed array)
> 어레이 지지형태가 가장 경제적이고 안정된 구조로써 비교적 원격 지역에 설치 면적의 제약이 없는 곳에 많이 이용. 특히 남해안이나 도서지역 등 풍속이 강한 곳에 설치하는 것이 바람직하다.
>
> 집광형 태양전지모듈(Concentrated solar cell module)
> 프랜넬 렌즈(Plannel lens) 등을 사용하여 태양광선을 집광시킨 뒤에 태양전지에 집광된 빛을 조사시켜 발전하는 태양전지모듈.
> 반드시 집광된 광선이 태양전지 전면에 입사될 수 있도록 양방향 추적식 어레이로 구성되어야 한다. 일반적으로 고가의 태양전지 재료를 사용하여 제작된 고효율의 태양전지에 많이 이용. 집광형으로 설치 시에는 집광율에 많은 열이 발생하여 변환 효율이 온도상승에 따라 비례적으로 감소하므로, 공랭식 또 수냉식 강제냉각시스템을 부착시켜 온도 상승을 막는다.
> 생산가격이 높고, 구조가 복잡하여 아직까지 경제성이 미흡하다.

41. 다음 어레이 설치형태에 따른 분류중 국내외적으로 가장 많이 이용되고 있는 어레이 지지방법은?

① 반고정형 어레이(Semi-fixed array)

② 고정형 어레이(Fixed array)

③ 단방향 추적식 어레이(Single axis tracking array)

④ 혼합식 추적법 어레이(Mixed tracking array)

> **해설** [고정형 어레이(Fixed array)]
> 어레이 지지형태가 가장 경제적이고 안정된 구조로써 비교적 원격 지역에 설치 면적의 제약이 없는 곳에 많이 이용. 특히 남해안이나 도서지역 등 풍속이 강한 곳에 설치하는 것이 바람직하다. 추적식, 반고정형에 비하여 발전효율은 낮은 반면에, 초기 투자비가 적게 들고, 보수 관리에 따른 위험이 없기 때문에 종합적으로 검토하여 설치하는 것이 바람직하며, 국내외적으로 가장 많이 이용되는 어레이 지지방법이다.
> 특히 대용량 태양광발전시스템에서는 이 방법이 가장 좋으며, 국내 도서용 태양광시스템에서는 고정형 시스템을 표준으로 하고 있다.

정답 40. ③ 41. ②

42. 다음 어레이 설치형태에 따른 분류중 국내외적으로 가장 많이 이용되고 있는 어레이 지지방법은?

> 1. 태양의 추적방식이 감지부(sensor)를 이용한다.
> 2. 최대 일사량을 추적하는 방식이다.
> 3. 감지부의 종류와 형태에 따라서 다소 오차가 발생하기도 한다
> 4. 태양이 구름에 가리거나 부분 음영이 발생하는 경우, 감지부의 정확한 태양궤도 추적은 기대할 수 없게 된다.

① 감지식 추적법(Sensor tracking)
② 프로그램 추적법(Program tracking)
③ 혼합식 추적법(Mixed tracking)
④ 집광형 태양전지모듈(Concentrated solar cell module)

해설 [추적방식에 따른 분류]
- 감지식 추적법(Sensor tracking) : 태양의 추적방식이 감지부(sensor)를 이용, 최대 일사량을 추적하는 방식으로 감지부의 종류와 형태에 따라서 다소 오차가 발생하기도 한다. 특히 태양이 구름에 가리거나 부분 음영이 발생하는 경우, 감지부의 정확한 태양 궤도 추적은 기대할 수 없게 된다.
- 프로그램 추적법(Program tracking) : 어레이 설치 위치에서 태양의 연중 이동궤도를 추적하는 프로그램을 내장한 컴퓨터 또는 마이크로프로세서를 이용하여 프로그램이 지시하는 년·월·일에 따라서 태양의 위치를 추적비교적 안정되게 태양의 위치를 추적할 수 있으나, 설치지역 위치에 따라서 약간의 프로그램 수정이 필수적이다.
- 혼합식 추적법(Mixed tracking) : 프로그램 추적방식과 감지식 추적방식을 동시에 만족할 수 있도록 보완된 방식프로그램 추적법을 중심으로 운영하도록 하되, 설치 위치에 따라 발생하는 편차를 감지부를 이용하여 주기적으로 보정 수정해 주는 방식으로, 추적방식 중 일반적으로 가장 이상적인 추적방식으로 이용.

43. 태양광 모듈 설치 지지대에 따른 분류중 주택이나 일반건물에 설치시 분류가 아닌 것은?

① 차양형
② 톱 라이트형
③ 지붕건재형
④ 단축추적형

해설 [태양광 모듈 설치 지지대에 따른 분류]
- 주택이나 일반건물에 설치시 : 지붕건재형, 지붕설치형, 벽건재형, 벽설치형, 차양형, 톱라이트형.
- 대지에 설치시 : 고정형, 가변고정형, 단축추적형, 양축추적형.

정답 42. ① 43. ④

44. 태양광 발전관련 전력단위로 틀리는 것은?

① 마이크로와트 (μW) : 10^{-6}와트
② 메가와트 (MW) : 1,000,000 와트
③ 기가와트 (GW) : 1,000,000,000,000 와트
④ 페타와트 (PW) : 1,000,000,000,000,000와트

해설
- 마이크로와트 (μW) : 10^{-6} 와트
- 밀리와트 (mW) : 10^{-3} 와트
- 킬로와트 (kW) : 1,000 와트
- 메가와트 (MW) : 1,000,000 (10^6) 와트
- 기가와트 (GW) : 1,000,000,000 (10^9) 와트
- 테라와트 (TW) : 1,000,000,000,000 (10^{12}) 와트
- 페타와트 (PW) : 1,000,000,000,000,000(10^{15}) 와트

45. 태양광 발전시설을 설치 할 때 주의점에 관한 내용이 상이 한 것은?

① 건물의 형태, 향, 각도, 그림자 확인 - 각도 30도 이내가 최적.
② 태양광 설치 제품 확인 - 20년 이상 그대로 사용하는 모듈과 잘못 선택하면 자주 교체할 수도 있는 인버터를 주의해서 선정해야 한다.
③ 태양 전지는 온도가 낮을수록 발전량이 낮아지기 때문에 바람이 통하는 길이 있으면 이상적이다.
④ 설치하려는 건물의 형태가 중요하고, 남향이 최적이다.

해설
- 건물의 형태, 향, 각도, 그림자 확인 : 설치하려는 건물의 형태, 향(남향이 최적), 각도(30도 이내가 최적)를 확인하되, 특히 그늘이 지는지 확인하고 가장 길게 나타나는 시간(겨울 해가 질 때)에 확인하는 것이 좋다. 그림자는 모듈의 일부에 들어가기만 해도 출력이 크게 낮아진다.
- 태양광 설치 제품 확인 : 20년 이상 그대로 사용하는 모듈과 잘못 선택하면 자주 교체할 수도 있는 인버터를 주의해서 선정해야 한다.
- 온도/통풍 확인 : 태양 전지는 온도가 오를수록 발전량이 낮아지기 때문에 바람이 통하는 길이 있으면 이상적이다.

46. 태양광 발전시설을 건물 옥상에 설치 할 때 다른 곳에 설치 할 때보다 수익성이 좋은 이유가 아닌 것은?

① 건물의 지붕이나 옥상에 설치하는 것이 가장 공사하기 편하고 비용이 적게 들어간다.

정답 44. ③ 45. ③ 46. ①

② 전기판매용 태양광발전시스템을 설치할 경우에는 한전에 전력을 판매하는 동시에 RPS제도로 의무공급량이 할당된 13개 발전사업자와도 공급인증서(REC)로 거래를 할 수 있다.
③ 이 때, 공급인증서에 가중치가 있어서 건물 지붕이나 옥상에 설치하면 1.5배의 가중치를 받게 되어 같은 100kWh를 생산하더라도 150kWh로 인정받아 훨씬 더 많은 수익을 낼 수 있다.
④ 시공시 별도 면적이 추가 면적이 필요없다.

47. 태양광 발전시설을 설치시 일반토지에 설치 할 때 건물.옥상에 설치에 비하여 불리한 점에 대한 내용이 아닌 것은?

① 현 제도 상에서는 토지에 태양광발전시스템을 설치하더라도 수익성이 있으나 건물에 설치하는 것에 비해 매우 낮다.
② 공급인증서에 가중치가 있어서 전, 답, 과수원 등의 토지에는 0.7의 가중치를 부여하는데 즉, 100kWh를 생산했을 때 70kWh만 인정을 해준다.
③ 건물 지붕이나 옥상에 설치하면 1.5배의 가중치를 받게 되어 같은 100kWh를 생산하더라도 150kWh로 인정받아 훨씬 더 많은 수익을 낼 수 있다.
④ 정부에서 태양광시설이 토지에 주는 환경오염을 막고, 토지에서 생산하는 전력을 산정하기 곤란하기 때문이다.

48. 아래 장치의 정의는?

> 산업이 발전하면서 데이타의 손실이나 정보의 손실등의 피해를 줄이고자 만들어진 장치이며 컴퓨터를 많이 사용하면서 부터 시장성이나 변천 발전상은 날로 변화하여 전력전자회로 분야에서 여러가지 많은 발전을 가져오는 계기가 되었다.

① 비상바이패스
② 무정전전원장치(Unintrruptible Power Supply System)
③ STATIC SWITCH
④ 계통연계 보호장치

정답 47. ④ 48. ②

해설 [UPS(무정전 전원장치)]
- 무정전전원장치(Unintrruptible Power Supply System)란 말 그대로 정전이 존재하지 않는 전원 공급장치이다.
  무정전전원장치는 산업이 발전 하면서 데이타의 손실이나 정보의 손실등의 피해를 줄이고자 만들어진 장치이며 컴퓨터를 많이 사용하면서 부터 UPS의 시장성이나 변천 발전상은 날로 변화하여 전력전자회로 분야에서 여러가지 많은 발전을 가져오는 계기를 제공하고 있는 실정이다. 간략하게 UPS의 변천과정을 살펴보면 UPS는 1950년경에 등장하여 1960년에 디바이스 소자들이 등장하여 반도체 전력변환장치에 의한 정지형 UPS가 등장했다. 정지형 UPS는 사이리스터라는 소자에 의해 인버터로 시작되어 고속 사이리스터, 역도통 사이리스터등 다바이스의 고성능, 고기능화에 의하여 인버터의 특성, 방식, 소형, 경량화가 되었다. 1980년대에 들어서서는 바이폴라 파워 트랜지스터으 대용량화, GTO(턴오프 사이리스터), FET, IGBT등이 적용되며 스위칭 주파수의 고주파수화(20KHz)가 이루어져서 소음부분도 크게 개선이 되었다.

49. 태양광 발전장치시스템에 대한 용어 정의내용이다. (   )안의 내용은?

(   )란 순간적인 과전압이나 과전류로부터 전기설비를 보호하기 위한 피뢰소자를 말한다.

① 역류방지소자
② 바이패스 소자
③ 다이리스터
④ 변압기

50. 태양광 발전장치시스템에 대한 용어 정의내용이다. (   )안의 내용은?

(   )란 SCR(Semiconductor Controlled Rectifier) 라고도하며 다이오드에 게이트 단자가 있어 전류를 제어하는 것을 말한다.

① 역류방지소자
② 써지프로텍트(SPD)
③ 다이리스터
④ 변압기

정답 49. ① 50. ③

51. 태양광 발전설비공사에 대한 업무를 설명한 그림이다. A, B안의 내용은?

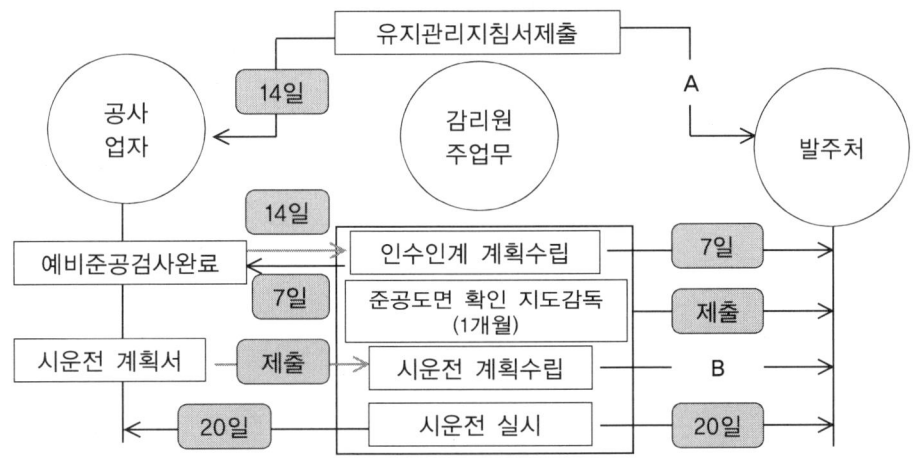

① Ⓐ 14일, Ⓑ 30일
② Ⓐ 10일, Ⓑ 20일
③ Ⓐ 15일, Ⓑ 20일
④ Ⓐ 20일, Ⓑ 30일

52. 신 에너지에 속하지 않는 것은?
① 연료전지
② 석탄액화가스화
③ 수소에너지
④ 태양광 발전

해설 – 재생에너지 : 태양광, 태양열, 바이오, 풍력, 수력, 해양, 폐기물, 지열 (8개 분야)
– 신에너지 : 연료전지, 석탄액화가스화 및 중질잔사유 가스화, 수소에너지 (3개 분야)

53. 『신에너지 및 재생에너지 개발·이용·보급촉진법』 제2조의 규정에 의한 재생에너지가 아닌 것은?
① 수소에너지
② 태양광
③ 바이오
④ 폐기물

54. 신재생에너지의 특징이 아닌 것은?
① 환경친화적 청정에너지
② 고갈성 에너지
③ 공공미래에너지
④ 연구개발에 의해 에너지자원 확보가능

정답 51. ① 52. ④ 53. ① 54. ②

해설 - 신·재생에너지는 공공 미래에너지, 환경 친화형 청정에너지, 비고갈성 에너지, 에너지 자원 확보가능, 기술 에너지이다.

55. 신재생 에너지의 중요성으로 틀린 것은?
① 유가상승 등 화석에너지 고갈
② 국제적 환경분쟁
③ 중앙공급식에서 지방분산화 정책전환
④ 환경 비친화적 에너지

56. 신재생에너지원이 아닌 것은?
① 수력에너지 ② 연료전지 ③ 천연가스 ④ 지열에너지

57. 풍력의 기계장치부의 구성요소가 아닌 것은?
① Blade (회전날개) ② Rotor (회전자)
③ Gearbox (증속기) ④ Yaw Control

해설 - 기계장치부 구성요소
바람으로부터 회전력을 생산하는 Blade(회전날개),
Shaft(회전축)를 포함한 Rotor(회전자),
적정 속도로 변환하는 증속기(Gearbox)로 구성됨.

58. 풍력 발전시스템에서 회전축 방향에 따라 수평축과 수직축으로 구분할 수 있는데, 그 종류에 해당되지 않는 것은?
① 프로펠라형 ② 다리우스형 ③ 사보니우스형 ④ 통상Geared형

해설 : 수평축 풍력시스템 (HAWT) : 프로펠라형
: 수직축 풍력시스템 (VAWT) : 다리우스형, 사보니우스형

59. 풍력의 수직축에 관련된 내용에 해당하지 않는 것은?
① 사막이나 평원에 많이 설치. ② 중대형급 이상에서 사용.
③ 수평축에 비해 효율이 떨어진다. ④ 100kw급 이하 소형에서 많이 사용.

정답 55. ④ 56. ③ 57. ④ 58. ④ 59. ②

해설 – 수직축은 바람의 방향과 관계가 없어 사막이나 평원에 많이 설치하여 소재가 비싸고 수평축 풍차에 비해 효율이 떨어지는 단점이 있음.
100kW급 이하 소형에서 많이 사용.
수평축은 설치하기 편리하며, 중대형급 이상은 수평축을 사용.

60. 연료전지 발전시스템의 구성 3요소가 아닌 것은?

① 개질기　　　　② 주변장치　　　　③ 스택　　　　④ 전력변환기

해설 – 개질기(Reformer) : 화석연료(천연가스, 메탄올, 석유 등)로부터 수소를 발생시키는 장치.
 – 스택(Stack) : 원하는 전기출력을 얻기 위해 단위전지를 수십장, 수백장 직렬로 쌓아 올린 본체.
 – 전력변환기(Inverter) : 연료전지에서 나오는 직류전기(DC)를 우리가 사용하는 교류(AC)로 변환시키는 장치.

61. 연료전지 종류중 1990년대에 기술개발된 4세대 연료전지로 가정용, 자동차용, 이동용 전원으로 이용되며, 가장 활발하게 연구되는 분야이며, 실용화, 상용화도 빠른 것은?

① AFC　　　　② PAFC　　　　③ SOFC　　　　④ PEMFC

해설 – 알칼리형 (AFC : Alkaline Fuel Cell)
1960년대 군사용(우주선 : 아폴로 11호)으로 개발. 순 수소 및 순 산소를 사용.
 – 인산형 (PAFC : Phosphoric Acid Fuel Cell)
1970년대 민간차원에서 처음으로 기술 개발된 1세대 연료전지.
 – 고체산화물형 (SOFC : Solid Oxide Fuel Cell)
1980년대에 본격적으로 기술 개발된 3세대.
 – 고분자 전해질형 (PEMFC : Polymer Electrolyte Membrane)
1990년대에 기술개발된 4세대 연료전지로 가정용, 자동차용, 이동용 전원으로 이용.

62. 자연의 바람으로 풍차를 돌리고, 이것을 기어 등을 이용하여 속도를 높여 발전하는 풍력발전에서 이론상 발전 최대 효율은?

① 20.5 %　　　　② 39.8 %　　　　③ 59.3 %　　　　④ 65.7 %

해설 풍력발전의 이론상 최대 출력은 59.3% 이며, 실제 출력은 20~40% 정도이다.

63. 연료전지 발전원리가 아닌 것은?

① 연료극에 공급된 수소이온과 전자가 결합.
② 수소이온이 전해질층을 통해 공기극으로 이동.

정답 60. ②　61. ④　62. ③　63. ①

③ 반응생성물은 물이 생성.

④ 열효율과 전기에너지 발생.

해설 연료중 수소와 공기중 산소가 전기 화학 반응에 의해 직접 발전.
- 연료극에 공급된 수소는 수소이온과 전자로 분리.
- 수소이온은 전해질층을 통해 공기극으로 이동.
  전자는 외부회로를 통해 공기극으로 이동.
- 공기극 쪽에서 산소이온과 수소이온이 만나 반응생성물(물)을 생성.
  ⇒ 최종적인 반응은 수소와 산소가 결합하여 전기, 물 및 열생성.

64. 태양열의 시스템 구성 부분이 아닌 것은?

① 집열부　　　② 축열부　　　③ 인버터　　　④ 제어장치

해설
- 집열부 : 태양열 집열이 이루어지는 부분으로 집열온도는 집열기의 열손실율과 집광장치의 유무에 따라 결정됨.
- 축열부 : 열 시점과 집열량이 이용시점과 부하량에 일치하지 않기 때문에 필요한 일종의 버퍼(buffer) 역할을 할 수 있는 열저장 탱크.
- 이용부 : 태양열 축열조에 저장된 태양열을 효과적으로 공급하고 부족할 경우 보조열원에 의해 공급.
- 제어장치 : 태양열을 효과적으로 집열 및 축열하고 공급, 태양열 시스템의 성능 및 신뢰성 등에 중요한 역할을 해주는 장치.

65. 신·재생에너지 중 이산화탄소 배출량이 가장 낮은 에너지원은?

① 태양광　　　② 수력　　　③ 풍력　　　④ 지열

해설 - 수력(11.3) < 지열(15.0) < 풍력(29.5) < 태양광(53.4)

66. 연료전지의 특징에 대한 설명으로 적합하지 않는 것은?

① 기존 화석연료를 이용하는 발전에 비하여 발전효율이 높다.
② 질소산화물 와 유황산화물 의 배출량이 석탄 화력발전에 비하여 매우 낮다.
③ 나프타, 등유, LNG, 메탄올 등 연료의 다양화가 가능하다.
④ 발전효율이 설비규모에 따라 큰 영향을 받는다.

해설 - 발전효율이 설비규모(대규모, 소규모)의 영향을 받지 않는다.

정답　64. ③　65. ②　66. ④

제1과목 태양광발전시스템 이론 – 예상 문제

67. 신에너지에 대한 설명중 틀린 것은?

① 풍력발전은 지상에 풍차를 설치하여, 바람의 힘으로 풍차를 회전시켜 회전운동을 발전기에 전달하는 것으로 발전하는 방법이다(풍속의 3승에 비례하여 발전).

② 바이오매스는 원래에는 생물자원의 양을 말하는 것이나, 요즘에는 재생가능한 생물체의 유기성 에너지 및 자원(화석연료는 제외)을 말하는 것이다.

③ 지열발전은 주로 화산활동에 의해 축적되었던 깊이가 약 3km 정도의 비교적 지표부근의 지열을 이용하여 발전하는 방법이다.

④ 조력발전은 풍력발전과 같이 출력을 예측하는 것이 어려운 단점이 있다.

해설 – 출력의 예측이 쉬운 장점이 있다.
– 조력발전은 조석간만의 차를 동력원으로 해수면의 상승하강운동을 이용하여 전기를 생산하는 기술.

68. 다음은 바이오 에너지에 대한 특징을 설명한 것이다. 틀린 것을 고르시오.

① 저장이 가능하다.
② 바이오매스는 재생이 가능하다.
③ 자원의 매장량이 전 세계에 균일하다.
④ 최소의 자본으로 이용기술의 개발이 가능하다.

해설 – 바이오에너지 자원의 매장량은 지역차가 크다.

69. 폐기물 에너지 이용기술이 아닌 것은?

① 가정에서 발생되는 가연성폐기물 중 에너지 함량이 높은 폐기물을 열분해에 의한 오일화 기술.
② 성형고체연료의 제조기술.
③ 가스화에 의한 가연성 가스 제조기술.
④ 소각에 의한 폐기물 처리기술.

해설 – 소각에 의한 열회수 기술 등의 ①, ②, ③, 가공·처리 방법을 통해 고체연료, 액체연료, 가스연료, 폐열 등을 생산한다.

정답 67. ④ 68. ③ 69. ④

70. 에너지에 대한 설명중 맞는 것은?

① 고갈성 에너지라고 하는 것은 자연의 힘으로 정상적으로 보충하여, 반영구적 이용이 가능한 것을 말하며, 태양광, 풍력, 수력, 지열등이 여기에 해당한다.
② 신에너지 이용등의 촉진에 대한 특별조치법(신에너지법)에서는 신에너지 이용을 전기발전의 관점에서 정의하며, 태양광 발전, 풍력발전, 바이오매스 발전, 지열발전은 신에너지 이용등에 포함되어 있으나, 태양열이용, 바이오매스열 이용, 온도차열 이용, 설빙열 이용등은 포함하지 않는다.
③ 신에너지는 화석연료등의 고갈의 위험, 원자력 발전의 안정성 및 핵폐기물의 처리문제등 고갈에너지가 포함하는 다양한 문제에 대응하기 위하여 에너지의 안정공급 및 환경부담저감 등의 관점에서 개발이 촉진되어 왔다.
④ 재생가능 에너지는 에너지원으로서의 양에 한계가 있으며, 석탄, 석유등이 여기에 포함된다.

해설 ① 재생가능 에너지의 설명.
② 석유대체의 에너지 관점에서 정의하며, 태양열이용, 바이오매스열이용등도 모두 포함된다.
③ 고갈성 에너지에 대한 설명.

71. 태양광 발전시스템에 대한 설명 중 맞는 것은?

① 태양광 발전은 태양열 에너지를 태양전지에 의해서 전력으로 변화시키는 발전방식이다.
② 태양광 발전은 지붕등에 설치한 태양전지 모듈에 태양광을 비추어 발전시키며, 생성된 전기를 접속반에 집약해서 인버터에 의해서 전력변환을 하는 발전시스템을 이용하는 방식이다.
③ 태양광 발전에 의해 얻어진 에너지는 석탄, 석유, 천연가스등의 화석연료등의 매장자원 으로부터 얻은 에너지와는 차이가 나며, 자연환경으로부터 직접적, 간접적으로 연속적으로 생성시키는 에너지로서 고갈성 또는 자연에너지라고 부른다.
④ 태양전지는 태양전지, 태양전지 판넬, 태양광 판넬, 솔라 판넬솔라 전지, 태양전지 모듈, 모듈 등의 여러 가지 이름으로 불린다.

해설 ① 태양열 에너지가 아니라, 태양광 에너지이다.
② 인버터는 직류를 교류로 변환시키는 장치.
③ 고갈성 에너지가 아니라, 재생가능한 에너지이다.

정답 70. ③ 71. ④

제1과목 태양광발전시스템 이론 - 예상 문제

72. 태양광 발전의 장점에 대한 설명중 틀린 것은?

① 태양광 발전은 발전시에 온난화의 원인이 되는 이산소탄소를 전혀 배출하지 않기 때문에 기존의 발전방식과 비교해볼 때 온실효과가스의 저감을 기대할 수 있다.
② 태양광 발전은 태양광을 이용하는 것이며, 종래의 고갈성 에너지와 비교할 때 에너지원은 반영구적이다.
③ 자택의 지붕등에 발전하는 것은 그건물에 사용하는 것이기 때문에 전송Loss를 억제할 수가 있다.
④ 태양광 발전은 비상용 전원으로 활용이 불가하다.

해설 - 비상용 전원으로 활용이 가능

73. 태양광 발전시스템의 구조에 대한 설명중 틀린 것을 모두 고르면?

① 태양광 발전모듈은 태양광 에너지를 직접 전기로 변환하는 셀 이라고 불리는 약 10cm 의 크기의 사각형의 태양전지를 조합하여 만든 것이다.
② 접속반은 PLUG로 연결된 태양전지 모듈으로부터 전기배선을 모으고, 만들어진 전기에너지를 모아서 인버터에 접속하기 위한 기기이다.
③ 인버터는 태양전지 모듈로 발생한 직류전력을 교류전력으로 변환하며, 출력전력의 질을 축적하며, 안전을 위해 보호하는 장치이다.
④ 전력량계에는 매전용(판매) 적산전력량계와 매전용(매수) 적산전력량계가 있으며, 전자는 전력회사에서 공급받고 있는 전기의 사용량을 (수요전력량)을 측정하는 것이며, 후자는 역조류가 있는 시스템에서 태양전지에 의해 발전된 전기중에서 자가사용하고 남은 잉여전력분을 측정하기위한 전력량계이다.

해설 ④ 전자, 후자의 설명이 반대로 되어 있음.

74. 태양전지의 종류 중 국내에서 가장 많이 사용하는 것은?

① 단결정
② 다결정
③ 박막형
④ 연료 감응형

정답 72. ④ 73. ④ 74. ①

75. 독립형 태양광 발전설비의 종류가 <u>아닌</u> 것은?
　① 축전지 없는형　　　　② 축전지를 갖는형
　③ 계통연계형　　　　　④ 복합형

76. 독립형 태양광 발전시스템이 적용되는 곳이 <u>아닌</u> 것은?
　① 섬　　　　　　　　　② 전력계통이 있는곳
　③ 벽지 가옥　　　　　　④ 태양열 물펌프

　해설 － 전력계통이 있는 곳은 계통형으로 연결한다.

77. 태양광 발전시스템 안전관리에서 복장및 추락방지를 위해서 취해야 할 조치사항이 <u>아닌 것은?</u>
　① 안전모 착용　　　　　② 안전대 착용
　③ 안전화 착용　　　　　④ 안전허리띠 미착용

　해설 － 복장 및 추락방지
　　작업자는 자신의 안전 확보와 2차재해 방지를 위해 작업에 적합한 복장을 갖춰 작업에 임해야 한다.
　　1) 안전모 착용
　　2) 안전대 착용(추락 방지를 위해 필히 사용할 것)
　　3) 안전화(미끄럼 방지의 효과가 있는 신발)
　　4) 안전허리띠 착용(공구, 공사 부재의 낙하 방지를 위해 사용된다)

78. 태양광 발전시스템내 비치해야할 전기안전용품으로 적당하지 <u>않는</u> 것은?
　① 태양광 모듈　　　　　② 클램프 메타(전류, Watt)
　③ 온도계, 적외선 온도 측정기　　④ 소화기

79. 태양광 발전시스템 안전관리용품이 <u>아닌</u> 것은?
　① 발전시스템 운영 매뉴얼　　② 방진 마스크
　③ 휴대용 손전등　　　　④ 클램프 메타

　해설 － 발전시스템 운영 매뉴얼은 발전 시스템 운영시 비치 목록이다.

정답　75. ③　76. ②　77. ④　78. ①　79. ①

80. 태양광발전설비 고장별 원인과 영향의 대한 연결로 맞지 않는 것은?

① 변색 - PVE/EVA - 자외선 - 백변/황변, 발전량 감소.
② 크랙 - 셀 - 충격, 열화 - 발전량 감소.
③ 단선 - 접속함 - 방수/접속 불량 - 과열 단선.
④ 주름 - 인 캡슐런트(Enc) - 경년열화 - 수분침투.

해설 태양광 발전설비 고장별 원인과 영향

분류	대상	원인	영향
변색	PVE / EVA	자외선	백변 / 황변, 발전량 감소
산화	셀 그리드라인 / 터미널	모듈 끝 수분 침투	전기저항 증가 / 단선
박리	인캡슐런트(Enc.)	Enc.와 타 모듈부 간 접착력 감소	적측상 공극 야기, 발전량 감소, 절연에는 영향 無
크랙	셀	충격, 열화 등	발전량 감소
단선	접속함	방수/접속 불량	과열 단선
주름	테들라	경년열화	테들라와 메탈포일 간 수분 침투

81. 경사면 일조 강도 또는 총 일조 강도 (GT) ; total (solar) irradiance (GT)에 대한 설명으로 틀리는 것은?

① 수평면에 대하여 기울어져 있는 면이다.
② 경사면의 단위면적에 입사되는 전체 복사에너지의 강도. 경사면 직달 일조강도이다.
③ 측정에는 경사면과 평행하게 설치한 지평면 일조계를 사용한다. (단위 : w/m²)
④ 경사면 산란 일조강도와 지면과 지상에 있는 물체로부터 반사되는 빛에 의한 조사강도의 합이다.

해설
- 측정에는 경사면과 평행하게 설치한 <u>수평면</u> 일조계를 사용한다. (단위 : w/m²)
- 수평면 [horizontal plane, 水平面]
  연직선에 수직인 평면이다. 수평면 위에 있는 직선, 즉 연직방향에 수직인 직선을 수평선이라 한다. 수평선이나 수평면을 정하는 데는 보통 수준기(水準器)를 사용한다.
- 지평면 [horizontal plane, 地平面]
  지구면상의 각점에서 중력의 방향으로 수직인 곡면을 수평면, 1 점에서 지표에 접하는 평면을 지평면이라 한다.

정답 80. ④ 81. ③

82. 신재생에너지지이면서 신에너지가 <u>아닌</u> 것은?

① 연료전지
② 석탄 액화·가스화 및 중질잔사유 가스화
③ 수소에너지
④ 지열

해설 신재생에너지(New & Renewable Energy)
우리나라에서 신재생에너지는 『신에너지 및 재생에너지 개발·이용·보급 촉진법』 제2조에 의해 기존의 화석연료를 변환시켜 이용하거나(신에너지) 햇빛·물·지열·강수·생물유기체 등을 포함하는 재생가능한 에너지를 변환시켜 이용하는 에너지(재생에너지) 로서, 태양, 바이오, 풍력, 수력, 연료전지, 석탄 액화·가스화 및 중질잔사유 가스화, 해양, 폐기물, 지열, 수소 등 11개 분야를 말함.
<u>신에너지</u> : 연료전지, 석탄 액화가스화 및 중질잔사유 가스화, 수소에너지 등 3개분야.

83. 아래 내용을 설명하고 정의는?

- 직달 햇빛과 햇빛을 받는 모듈 면(active surface)의 법선 사이의 각도.
- 0~90° 범위에서 법선과 태양의 방향이 일치할 때(수직 입사)를 0°로 한다.
- 단위는 rad이다.

① 굴절각 ② 반사각 ③ 입사각 ④ 수평각

해설 입사각 ; angle of incidence
- 직달 햇빛과 햇빛을 받는 모듈 면(active surface)의 법선 사이의 각도.
0~90° 범위에서 법선과 태양의 방향이 일치할 때(수직 입사)를 0°로 한다.
(단위 : rad)

84. 다음 재생에너지가 <u>아닌</u> 것은?

① 태양열 ② 수소에너지 ③ 폐기물에너지 ④ 태양광

해설 재생에너지 : 태양열, 태양광, 바이오, 풍력, 수력, 지열, 해양, 폐기물 등 8개분야.
<u>신에너지</u> : 연료전지, 석탄 액화가스화 및 중질잔사유 가스화, 수소에너지 등 3개분야.

85. 태양광발전 시스템 아래 설명하고 있는 시스템은?

- 태양광발전 전력이 부족한 경우에 접속된 부하는 태양광발전 시스템에서 분리하여 상용 전력 계통측으로 전환할 수 있는 시스템

정답 82. ④ 83. ③ 84. ② 85. ②

① 계통 연계형 태양광발전 시스템 ; grid-connected photovoltaic system

② 전환형 태양광발전 시스템 ; grid backed-up photovoltaic system

③ 전용 부하 태양광발전 시스템 ; photovoltaic system for specific load

④ 구내 부하 전용 태양광발전 시스템 ; photovoltaic system for onsite load

해설 계통 연계형 태양광발전 시스템(grid-connected photovoltaic system)
상용 전력 계통과 병렬로 접속되어 발전된 전력을 계통으로 내보내거나 계통으로부터 전력을 공급받는 태양광발전 시스템. 계통 병렬연결 시스템이라고 부르는 경우도 있다.
전용 부하 태양광발전 시스템(photovoltaic system for specific load)
이미 알고 있는 특정 부하의 요구에 전용으로 맞춰 설계하고 구성한 시스템.
구내 부하 전용 태양광발전 시스템(photovoltaic system for onsite load)
태양광발전 시스템이 설치되어 있는 구내에 설치된 부하에만 발전된 전력을 공급하도록 설계하고 구성한 시스템. 온사이트(onsite) 시스템이라고 부르는 경우도 있다.

86. 태양광발전 시스템의 특성에 대한 설명으로 틀린 것은?

① 표준 태양광발전 어레이 개방전압(photovoltaic array open-circuit voltage)
- 표준 시험 조건에서 측정한 값으로 환산한 어레이의 개방 전압. (단위 : V)

② 표준 (어레이) 시험 조건(standard test conditions (STC))
- 일조 강도 1000W/㎡, AM 1.5, 어레이 대표 온도 25±2℃인 시험 조건.

③ 기준 어레이면 일조 강도(standard irradiance in array plane)
- 표준 어레이 시험 조건에서 어레이 면을 기준으로 한 일조 강도.

④ 표준 태양광발전 어레이 최대 출력(STC photovoltaic array maximum power)
- 표준 동작 조건에서 측정한 값으로 환산한 최대출력점의 어레이 출력전압(단위 : V)

해설 - 실효 태양광발전 어레이 최대 출력 전압(SOC photovoltaic array maximum power voltage)
표준 동작 조건에서 측정한 값으로 환산한 최대 출력점의 어레이 출력 전압(단위 : V)
- 표준 태양광발전 어레이 최대 출력 ; STC photovoltaic array maximum power
표준 어레이 시험 조건에서 측정한 값으로 환산한 최대 출력점에서 어레이의 출력(단위 : W)

87. 태양광발전 시스템의 특성에 대한 각 전력량 설명으로 틀린 것은?

① 종합 시스템 출력 전력량(total system output energy)
- 정해진 방향으로 흐른 알짜 에너지 즉, 전력량의 총계. (단위 : Wh)

② 정격 시스템 출력(rated system power)
- 독립형 태양광발전 시스템에서는 교류 출력이며, 정격 부하를 접속했을 때 얻을 수 있는 시스템의 출력.

정답 86. ④ 87. ①

③ 어레이 출력 전력량(array output energy)
  - 일정 기간 동안 태양광발전 어레이에서 발전되는 에너지 즉, 전력량. (단위 : Wh)
④ 계통 수전 전력량(energy from utility grid)
  - 상용 전력 계통으로부터 공급 받은 전력량. (단위 : Wh)

> **해설** 알짜 전력량 ; net energy
> - 정해진 방향으로 흐른 알짜 에너지 즉, 전력량의 총계. (단위 : Wh)
> 종합 시스템 출력 전력량 (또는 시스템 발전 전력량) ; total system output energy
> - 출력 조절기에서 출력되는 총 전력량

88. 태양광발전소 인.허가 절차 내용으로 옳지 못한 것은?

① 태양광 발전소 공사 사용전 검사는 한국전기 안전공사에 공사준공 7일전에 통보하여야 한다.
② 태양광 발전소 공사준공후 사업개시 신고는 시도지사에게 통보한다.
③ 10MW미만 태양광발전소는 시.도지사에게 공사진행 전 공사계획신고만 하면 된다.
④ 배전용 전기설비 이용시 이용신청 및 계약시 이용계약 체결은 약 3개월이다.

해설 태양광발전소 인허가 절차

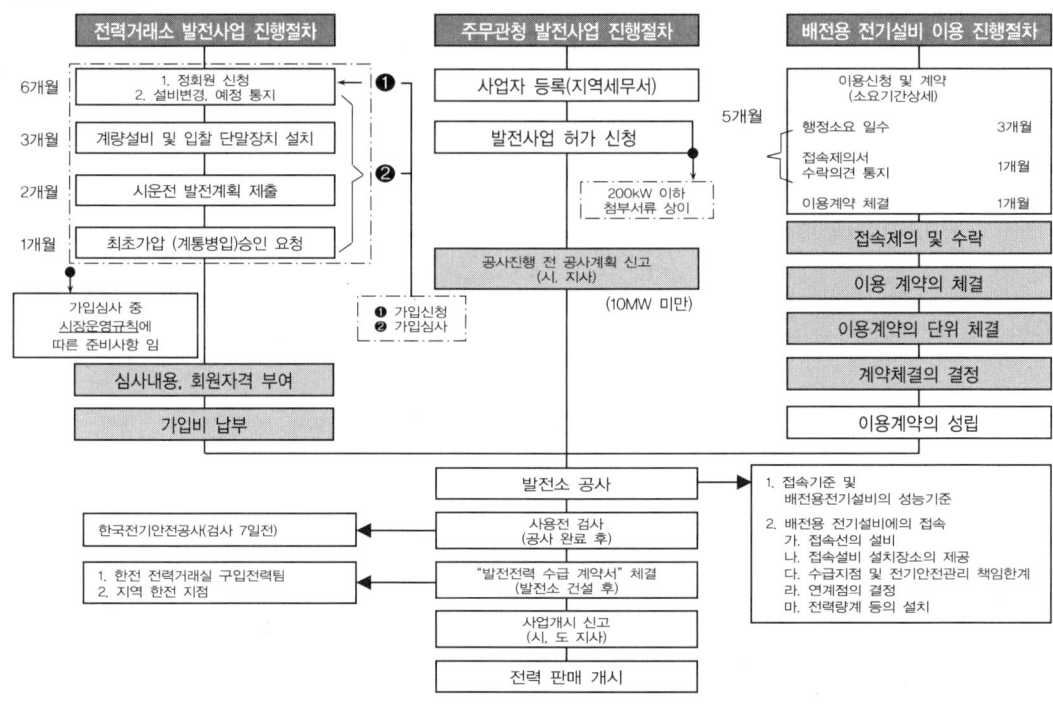

정답 88. ④

89. 최종 시스템 등가 가동 시간(Final System Yield,)의 설명으로 틀린 것은?

① 태양광발전 어레이로 부터 전력을 공급받은 발전 시스템이 단위 정격 용량 당 발전한 알짜 출력 에너지(Net Energy)를 시간의 단위로 나타낸 것.
② 태양광발전 소자가 실제로 발전한 것과 같은 양의 에너지를 산출하기 위해서 정격 출력으로 가동해야 하는 등가적인 시간.
③ 1일 동안 적산한 시스템 총 출력 전력량의 한도 안에서 어레이로 부터 공급되는 시스템 출력 전력량을 표준 시험 조건에서의 태양광발전 어레이의 최대 출력으로 나눈 값.
④ 어레이가 표준 출력으로 가동할 때의 시스템 1일 가동 시간을 의미한다.

해설
- 등가 가동 시간(Tield), 단위(J · jW-1)
  '등가 가동 시간'은 보통 임의의 편리한 시간 단위에 대한 'kWh · kW-1'로 나타낸다.
  주로 하루 동안의 값으로 계산하며 단위로는 'h · d-1'를 널리 사용한다.
  태양광발전 소자가 실제로 발전한 것과 같은 양의 에너지를 산출하기 위해서 정격 출력으로 가동해야 하는 등가적인 시간.
- 최종 시스템 등가 가동 시간(Final System Yield, 기호 : Yf)
  태양광발전 어레이로 부터 전력을 공급받은 발전 시스템이 단위 정격 용량 당 발전한 알짜 출력 에너지(Net Energy)를 시간의 단위로 나타낸 것. 즉 1일 동안 적산한 시스템 총 출력 전력량의 한도 안에서 어레이로 부터 공급되는 시스템 출력 전력량을 표준 시험 조건에서의 태양광발전 어레이의 최대 출력으로 나눈 값이며 어레이가 표준 출력으로 가동할 때의 시스템 1일 가동 시간을 의미한다.

90. 태양광모듈 설치와 관련하여 집광형태양전지모듈의 내용이 <u>아닌 것은?</u>

① 프랜넬 렌즈(Plannel lens) 등을 사용하여 태양광선을 집광시킨 뒤에 태양전지에 집광된 빛을 조사시켜 발전하는 태양전지모듈.
② 반드시 집광된 광선이 태양전지 전면에 입사될 수 있도록 단방향 어레이로 구성 되어야 한다.
③ 생산가격이 높고, 구조가 복잡하여 아직까지 경제성이 미흡한 것으로 알려져 있다.
④ 고가의 태양전지 재료를 사용하여 제작된 고효율의 태양전지에 많이 이용.

해설 집광형 태양전지모듈(Concentrated solar cell module)
프랜넬 렌즈(Plannel lens) 등을 사용하여 태양광선을 집광시킨 뒤에 태양전지에 집광된 빛을 조사시켜 발전하는 태양전지모듈.
반드시 집광된 광선이 태양전지 전면에 입사될 수 있도록 <u>양방향 추적식 어레이</u>로 구성되어야 한다. 일반적으로 고가의 태양전지 재료를 사용하여 제작된 고효율의 태양전지에 많이 이용.

정답 89. ② 90. ②

91. 태양광발전설비 고장별 원인이 아닌 것은?

① 자외선 ② 충격, 열화
③ 홍수   ④ 경년열화

해설 태양광 발전설비 고장별 원인과 영향

분류	대상	원인	영향
변색	PVE / EVA	자외선	백변 / 황변, 발전량 감소
산화	셀 그리드라인 / 터미널	모듈 끝 수분 침투	전기저항 증가 / 단선
박리	인캡슐런트(Enc.)	Enc.와 타 모듈부 간 접착력 감소	적측상 공극 야기, 발전량 감소, 절연에는 영향 無
크랙	셀	충격, 열화 등	발전량 감소
단선	접속함	방수/접속 불량	과열 단선
주름	테들라	경년열화	테들라와 메탈포일 간 수분 침투

92. 태양광 구조물은 고정식, 고정가변식, 수평단축식, 경사단축식, 양축식이 있다. 아래 특징을 설명하고 있는 형식은?

> 남쪽으로 일정한 각도를 가지고 동에서 서로 추적하는 구조물, 남쪽으로의 각도 조정이 가능한 형태와 남쪽으로 일정한 각도를 가지고 고정되어 추적하는 두가지 타입이 있음.

① 고정 가변형 ② 경사단축식
③ 양축식   ④ 수평단축식

해설 [태양광 구조물]
- 고정식 : 태양광 모듈이 남쪽으로 일정한 각도를 가지고 고정되어있는 구조물.
- 고정 가변형 : 계절에 따라 남쪽으로의 각도를 상기 각도로 조정할수 있는 고정구조물.
- 수평단축식 : 완전 수평으로 동에서 서로만 추적하는 구조물(여름이외의 계절에는 발전량에 문제가 있음).
- 경사단축식 : 남쪽으로 일정한 각도를 가지고 동에서 서로 추적하는 구조물, 남쪽으로의 각도 조정이 가능한 형태와 남쪽으로 일정한 각도를 가지고 고정되어 추적하는 두가지 타입이 있음. (남북간 설치경사각조정이 수동으로 가능하고 동에서 서로 추적하는 구조물이 가장 바람직하다고 생각 된다. 예로 고정가변형 + 단축추적식)
- 양축식 : 말그대로 동서남북 자동으로 프로그램 또는 센서에 의해 추적하는 구조물. 최대의 일사량을 받기 위해서는 남북간 모듈의 설치경사각조정이 대단히 중요하다.

정답 91. ③ 92. ②

93. 실리콘 태양전지의 P형 반도체의 특성 설명으로 옳은 것은?

① 정공이 다수 캐리어이다.
② 전자가 다수 캐리어이다.
③ 전자, 정공 모두 다수 캐리어이다.
④ 전자, 정공 모두 소수 캐리어이다.

해설 P형 반도체란, 전하를 옮기는 캐리어로 정공 (홀)이 사용되는 반도체이다. 양의 전하를 가지는 정공이 캐리어로서 이동해서 전류가 생긴다. 즉, 정공이 다수 캐리어가 되는 반도체이다. 예시로 실리콘과 동일한 4가 원소의 진성 반도체에, 미량의 3가 원소 (붕소, 알루미늄등)을 불순물로 첨가해서 만들어진다.

94. 역류방지 다이오드(Blocking Diode)의 역할을 옳게 설명한 것은?

① 과전류가 흐를 때 회로를 차단한다.
② 태양광 모듈의 최적 운전점을 추적한다.
③ 태양광 발전시스템의 외함을 접지 하는데 사용한다.
④ 태양빛이 없을 때 축전지로부터 태양전지를 보호한다.

해설 역류방지 다이오드 :
1. 태양전지 모듈에 그늘이 생긴 경우, 그 스트링 전압이 낮아져 부하가 되는 것을 방지하는 것
2. 독립형 태양광 발전시스템에서 축전지를 가진 시스템에서 야간에 태양광발전이 정지된 상태에서 축전지 전력이 태양전지 모듈에 흘러들어 소모되는 것을 차단하기 위함.

95. 태양광 모듈의 구조로 틀린 설명은?

① 약 4mm 두께의 얇은 판이다.
② 사각형으로 제작된다.
③ 둥근 규소 덩어리.
④ 후성 패키지에 수납하여, 소정의 전압, 출력을 얻도록 서로 납땜으로 연결.

해설 태양전지모듈은 충분히 사용할 수 있도록 태양전지를 서로 연결시키고 판 형태로 마감한 것이 모듈이라 한다.
단결정, 다결정 태양전지는 약 0.4mm 두께의 얇은 판이며, 크기는 최소 기본 단위로서 셀 (10cm×12.5cm에서 15cm×15cm)을 수 10매를 둥근 규소 덩어리로부터 만들어져 모양이 <u>원형이나 사각형 또는 사각형의 모서리를 자른 형태</u>로 제작 되는데, 예를 들면 36~72매 정도,내후성 패키지에 수납하여, 소정의 전압, 출력을 얻도록 서로 납땜으로 연결되어 만들어 진 것을 태양전지 모듈이라 부른다.

정답 93. ① 94. ④ 95. ①

규격은 모듈을 만들고 있는 회사마다 각각 다르다. 결정계 모듈의 경우 0.5m×1m정도(출력 50W 정도)의 장방형의 것에서부터, 1m 이상(250W급 정도)의 정방형에 가까운 대형의 것 까지 다양하게 있다. 두께는 프레임제의 부위로서 제작사에 따라 각각 다르지만 보통 30 ~ 50mm정도, 무게는 1매당 약 5~20kg정도이다.

96. 태양광 에너지 공급 설비 자체 B/C(Benefit/Cost) 분석설명이다. 구체적으로 가리키는 것은?

> 일정기간의 수입과 지출의 현금 흐름의 차이를 할인율을 적용, 현재 시점으로 할인한 금액의 총합의 분석 방법이다.

① 비용/편익분석 ② 순현재가치방법
③ 내부 수익률법 ④ 비할인률법

해설 에너지공급 설비 자체 B/C분석
- 비용/편익분석(Benefit/Cost Analsys : BCA) : 설비수명
  - 비할인방법(non-discounted cash flow method)
  - 현금흐름할인방법(discounted cash flow method)
- 순현재가치 방법(Net Present Value : NPV)
  - 일정기간의 수입(수익)과 지출(비용)의 현금흐름의 차이를 할인율을 적용, 현재시점으로 할인한 금액의 총합.
- 내부수익률법(Internal Rate of Return : IRR)
  - 일정기간의 수입(수익)과 지출(비용)의 현재가치를 동일하게 하는 할인율(내부수익률).
- 비용/편익비율법(Benefit/Cost ratio : BCR)
  - 할인율을 적용한 수입의 현재가와 지출의 현재가치를 비교하여 비율로 표시.

97. 다음 어레이 설치형태에 따른 추적방식에 따른 분류중 아래 설명을 옳게 표현한 것은?

> 동시에 만족할 수 있도록 보완된 방식프로그램 추적법을 중심으로 운영하도록 하되, 설치 위치에 따라 발생하는 편차를 감지부를 이용하여 주기적으로 보정 수정해 주는 방식으로, 추적방식 중 일반적으로 가장 이상적인 추적방식으로 이용.

① 감지식 추적법(Sensor tracking)
② 프로그램 추적법(Program tracking)
③ 혼합식 추적법(Mixed tracking)
④ 집광형 태양전지모듈(Concentrated solar cell module)

정답 96. ② 97. ③

해설 **[추적방식에 따른 분류]**
- 감지식 추적법(Sensor tracking) : 태양의 추적방식이 감지부(sensor)를 이용, 최대 일사량을 추적하는 방식으로 감지부의 종류와 형태에 따라서 다소 오차가 발생하기도 한다. 특히 태양이 구름에 가리거나 부분 음영이 발생하는 경우, 감지부의 정확한 태양 궤도 추적은 기대할 수 없게 된다.
- 프로그램 추적법(Program tracking) : 어레이 설치 위치에서 태양의 연중 이동궤도를 추적하는 프로그램을 내장한 컴퓨터 또는 마이크로프로세서를 이용하여 프로그램이 지시하는 년·월·일에 따라서 태양의 위치를 추적비교적 안정되게 태양의 위치를 추적할 수 있으나, 설치지역 위치에 따라서 약간의 프로그램 수정이 필수적이다.
- 혼합식 추적법(Mixed tracking) : 프로그램 추적방식과 감지식 추적방식을 동시에 만족할 수 있도록 보완된 방식프로그램 추적법을 중심으로 운영하도록 하되, 설치 위치에 따라 발생하는 편차를 감지부를 이용하여 주기적으로 보정 수정해 주는 방식으로, 추적방식 중 일반적으로 가장 이상적인 추적방식으로 이용.

[태양전지판의 집광 유무에 따른 분류]
- 집광형 태양전지모듈(Concentrated solar cell module)
프랜넬 렌즈(Plannel lens) 등을 사용하여 태양광선을 집광시킨 뒤에 태양전지에 집광된 빛을 조사시켜 발전하는 태양전지모듈.
반드시 집광된 광선이 태양전지 전면에 입사될 수 있도록 양방향 추적식 어레이로 구성되어야 한다. 일반적으로 고가의 태양전지 재료를 사용하여 제작된 고효율의 태양전지에 많이 이용. 집광형으로 설치 시에는 집광율에 많은 열이 발생하여 변환 효율이 온도상승에 따라 비례적으로 감소하므로, 공랭식 또 수냉식 강제냉각시스템을 부착시켜 온도 상승을 막는다. 생산가격이 높고, 구조가 복잡하여 아직까지 경제성이 미흡한 것으로 알려져 있다.

98. 고정식 발전소의 모듈 경사각에 대한 내용이 옳지 않은 것은?

① 경사각이 30도일 때 연중 일사량이 최대가 된다.
② 모듈의 설치 방향은 정남향으로 설치.
③ 고정식 발전소는 추적식에 비하여 발전량이 떨어진다.
④ 지역의 일사량을 볼 때 월별로는 7월이 최고이고, 경사각이 30도 일 때 연중일사량이 최고가 된다.

해설 대전 지역의 일사량을 볼 때 월별로는 <u>5월이 최고</u>이고, 경사각이 30도 일 때 연중일사량이 최고가 된다.
경사각이 30도와 36도는 일사량에서는 0.41% 밖에 차이가 나지 않고, 경사각이 20도 일 때도 일사량이 30도와 1% 정도 밖에 차이가 나지 않기 때문에, 경사각에 대하여 그렇게 민감하지 않아도 될 것 같다.

정답 98. ④

99. 태양광발전 시스템 아래 설명하고 있는 시스템은?

> 태양광발전 시스템이 설치되어 있는 구내에 설치된 부하에만 발전된 전력을 공급하도록 설계하고 구성한 시스템. 온사이트(onsite) 시스템이라고 부르는 경우도 있다.

① 계통 연계형 태양광발전 시스템 ; grid-connected photovoltaic system
② 전환형 태양광발전 시스템 ; grid backed-up photovoltaic system
③ 전용 부하 태양광발전 시스템 ; photovoltaic system for specific load
④ 구내 부하 전용 태양광발전 시스템 ; photovoltaic system for onsite load

해설 계통 연계형 태양광발전 시스템(grid-connected photovoltaic system)
상용 전력 계통과 병렬로 접속되어 발전된 전력을 계통으로 내보내거나 계통으로부터 전력을 공급받는 태양광발전 시스템. 계통 병렬연결 시스템이라고 부르는 경우도 있다.
전용 부하 태양광발전 시스템(photovoltaic system for specific load)
이미 알고 있는 특정 부하의 요구에 전용으로 맞춰 설계하고 구성한 시스템.
구내 부하 전용 태양광발전 시스템(photovoltaic system for onsite load)
태양광발전 시스템이 설치되어 있는 구내에 설치된 부하에만 발전된 전력을 공급하도록 설계하고 구성한 시스템. 온사이트(onsite) 시스템이라고 부르는 경우도 있다.

100. 태양광 인버터의 단독운전 방지 기능에서 능동적인 검출 방식이 아닌 것은?

① 주파수 시프트방식
② 유효전력 변동방식
③ 부하변동방식
④ 주파수 변화율 검출방식

해설 – 한전계통과 연계되어 사용되는 PV시스템에서 정전발생시, 계통직원이 유지 보수시 PV시스템이 작동이 된다면, 안전사고를 모면할 수 없다. 이를 위해 인버터에는 단독운전 방지기능이 있다.
[수동적 방식 (검출시간 종별) : 0.5초 이내, 유지시간 5~10초)]
1. 전압위상 도약검출방식
    단독운전시 파워컨디셔너 출력이 역률1에서 부하의 역률로 변화하는 순간의 전압위상의 도약을 검출한다. 단독운전시 위상변화가 발생하지 않을 때에는 검출되지 않아, 오동작이 적고 실용적이다.
2. 제3고조파 전압급증 검출방식
    단독운전시 변압기의 여자전류 공급에 따른 저압 변동의 급변을 검출한다. 부하가 되는 변압기로 인하여 오작동의 확률이 비교적 높다.

정답 99. ④ 100. ④

3. 주파수 변화율 검출방식
    단독운전시 발전전력과 부하의 불 평형에 의한 주파수의 급변을 검출한다.

[능동적 방식 (검출시한 0.5~1초)]
1. 주파수 시프트방식.
    파워컨디셔너의 내부발진기에 주차수 바이어스를 주었을 때, 단독운전 발생시 나타나는 주파수 변동을 검출하는 방식.
2. 유효전력 변동방식.
    파워컨디셔너의 출력에 주기적인 유효전력 변동을 주었을 때, 단독운전 발생시 나타나는 전압, 전류, 또는 주파수 변동을 검출하는 방식으로 상시 출력이 변동하는 가능성이 있다.
3. 무효전력 변동방식.
    파워컨디셔너의 출력에 주기적인 무효전력 변동을 주었을 때, 단독운전 발생시 나타나는 주파수 변동 등을 검출하는 방식.
4. 부하변동방식.
    파워컨디셔너의 출력과 병렬로 임피던스를 순간적 또는 주기적으로 사입하여 전압 또는 전류의 급변을 검출하는 방식.

제2과목

태양광발전시스템 설계
[예상문제]

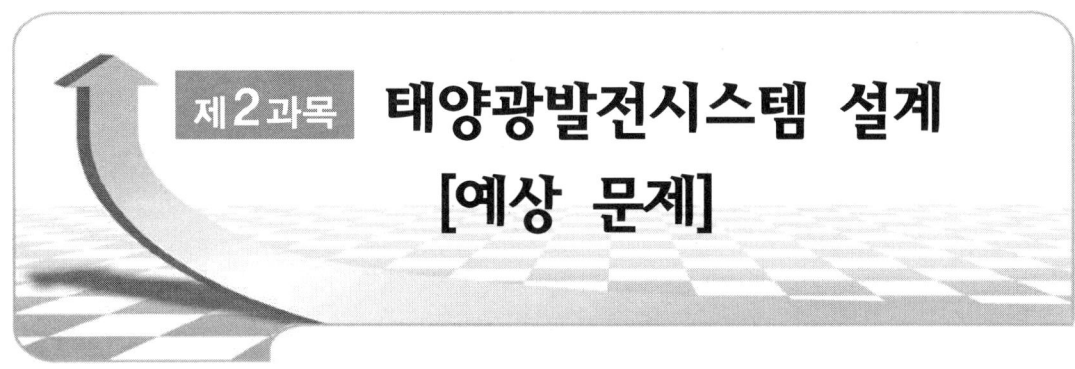

제2과목 태양광발전시스템 설계 [예상 문제]

1. 5000kW의 수상 태양광 발전소의 RPS 가중치는?

① 0.7　　② 1.0　　③ 1.2　　④ 1.5

해설 일반부지 100kW미만은 1.2, 100~3000kW까지 1.0, 3000kW 초과는 0.7. 건축물을 이용할 경우 3000kW이하는 1.5, 3000kW초과는 1.0을 받고 수상태양광 1.5, 자가용 태양광 1.0 받음.

2. 3000kW 이하의 태양광 발전소 전기사업 허가 시 필요한 서류가 아닌 것은?

① 송전관련 일람도　　② 신용평가 의견서
③ 발전원가 명세서　　④ 전기사업허가신청서

해설 태양광발전소 허가증인 전기사업허가증은 간단하게 서류만 제출하는 것이 아니라 사업계획서, 가설계도면, 송전관계일람표, 전기사업허가신청서 등 전문적인 서류가 필요해 대부분 시공업체 및 컨설팅 대행사가 허가 대행.

3. 태양전지 모듈에 그림자가 생겼을 때 대비책으로 설치하는 것은?

① 바이패스 다이오드　　② 역류방지 다이오드
③ 제너 다이오드　　④ 발광 다이오드

해설 바이패스 다이오드는 불균일 발전이 됐을 때 가장 낮은 발전이 된 곳이 오버히트하는 것을 막기 위해 만듦.

4. 초기투자비가 40억원, 설비수명이 20년, 연간 유지비가 3억원인 1MW 태양광 설비의 연간 총 발전량이 1300MW 일 때 발전원가(원/kWh)는?

① 90.5　　② 220.3　　③ 384.6　　④ 455.5

정답 1. ④　2. ②　3. ①　4. ③

> **해설** 발전원가 = 총투자비 / 총 발전량
> 총투자비 = 초기 투자비 + 20년간 유지관리비 = 40 + (3억 * 20년) = 100억
> 총발전량 = 20년 * 1300MWh = 26000MWh
> 그러므로 발전원가 = 100억 / 26000MW = 384.6원/kWh

5. 태양광시스템 설계시 설치 예정장소의 오염원과 지질조서 기록검토 이외에 갖추어야 할 기초자료가 아닌 것은?

① 일사량이 좋은 남향지역
② 순간풍속 및 최대풍속
③ 최저온도 및 최고온도
④ 최대 폭설시의 폭설량

> **해설** 1번은 태양광발전소 현장에서 태양광발전에 유리한 부지선정 7가지에 속한다.
> 1) 일사량이 좋은 남향지역
> 2) 동일 지역이라도 고지대 위치하여 일사량이 좋은 지역
> 3) 바람이 잘 통하는 부지
> 4) 안개발생이 적은 부지
> 5) 발전용량에 맞는 부지선정
> 6) 부지의 가격이 저렴한 부지
> 7) 토목공사비가 적게 드는 부지

6. 전기시설물 설계 시 설계도서의 실시설계 성과물이 아닌 것은?

① 내역서, 산출서, 견적서
② 설계설명서, 설계도면, 공사시방서
③ 용량계산서, 구조계산서, 부하계산서, 간선계산서
④ 설계계획서, 개략공사비 내역서, 시스템선정 검토서

> **해설** - 기본 설계 성과물은 설계 개요서, 기본설계도면, 추정공사비 내역 및 기타의 용량계획서, 시스템 선정 검토서, 협의기록서 등으로 이루어진다.
> - 실시 설계 성과물은 설계도면, 시방서, 공사비적산서, 각종 계산서 기타 협의기록 등으로 이루어진다.

정답 5. ① 6. ④

7. 한전계통에 이상에 발생 후 분산형 전원이 재투입 하기 위해서는 한전계통의 전압 및 주파수가 정상범위로 복귀 후 몇 분간 유지되어야 하는가?

① 1분　　　② 2분　　　③ 3분　　　④ 5분

해설 계통 이상 시 분산형 전원 발전설비 분리
- 계통 고장, 또는 작업시 역충전 방지 : 고장이나 작업 등으로 인해 계통이 가압되어 있지 않을 경우, 즉시 계통에서 분산형 전원 발전설비를 분리시켜야 한다.
- 전력계통 재폐로 협조 : 계통에서 고장이 발생할 경우 분산형 전원 발전설비는 즉시 계통에서 분리해 계통의 재폐로에 지장이 없어야 한다.
- 전압 : 계통에서 비정상 전압상태가 발생할 경우 기준시간 이내에 분산형 전원 발전설비를 전력 계통으로부터 분리시켜야 한다.
- 계통 재 병입 : 계통에서 이상이 발생해 전력계통을 정상으로 복구한 후, 전력계통의 전압과 주파수가 정상상태로 5분간 유지되지 않는 한 분산형 전원 발전설비를 다시 계통에 연결해서는 안 된다.

8. 신재생에너지 계통연계 요건으로 저압 배전선로 연계 시 전압변동률 유지기준으로 옳은 것은?

① 상시 2[%], 순시 2[%] 이하
② 상시 2[%], 순시 3[%] 이하
③ 상시 3[%], 순시 6[%] 이하
④ 상시 3[%], 순시 5[%] 이하

해설
- 저압 일반선로에서 분산형전원의 상시 전압변동률은 3%를 초과하지 않아야 함.
- 저압계통의 경우, 계통 병입시 돌입전류를 필요로 하는 발전원에 대해서 계통 병입에 의한 순시 전압변동률이 6%를 초과하지 않아야 함.

9. 1일 전력수용량 산정 수식으로 적합한 것은?

① 1일 전력소비량 × 1.1
② 1일 전력소비량 × 1.2
③ 1일 전력소비량 × 1.3
④ 1일 전력소비량 × 1.4

해설 예비보정계수 20%적용하여 1.2

정답 7. ④　8. ③　9. ②

필기 완전정복 핵심 500문제 해설

10. 태양광 발전사업을 위한 부지를 선정하고자 한다. 개발행위허가 기준에 따른 개발행위의 규모가 아닌 것은?

　① 농림지역　　　　　30,000m² 미만.
　② 도시 주거지역　　　1,000m² 미만.
　③ 도시 공업지역　　　30,000m² 미만.
　④ 자연환경보전지역　 7,000m² 미만.

해설 국토의 계획 및 이용에 관한 법률 시행령
제55조(개발행위허가의 규모) ①법 제58조제1항제1호 본문에서 "대통령령으로 정하는 개발행위의 규모"란 다음 각호에 해당하는 토지의 형질변경면적을 말한다. 다만, 관리지역 및 농림지역에 대하여는 제2호 및 제3호의 규정에 의한 면적의 범위안에서 당해 특별시·광역시·특별자치시·특별자치도·시 또는 군의 도시·군계획조례로 따로 정할 수 있다.
1. 도시지역
　가. 주거지역·상업지역·자연녹지지역·생산녹지지역 : 1만제곱미터 미만.
　나. 공업지역 : 3만제곱미터 미만.
　다. 보전녹지지역 : 5천제곱미터 미만.
2. 관리지역 : 3만제곱미터 미만.
3. 농림지역 : 3만제곱미터 미만.
4. 자연환경보전지역 : 5천제곱미터 미만.

11. 기전력이 24V, 내부저항이 1Ω인 전지에 전기저항이 3Ω과 6Ω이 병렬로 연결되어 있을 때 전체회로에 흐르는 전류의 세기는?

　① 7A　　　② 8A　　　③ 9A　　　④ 10A

해설 일단 이 회로는 3옴과 6옴이 병렬, 이 둘의 합성저항은 3×6/(3+6) = 2Ω
그리고 전지의 전기저항 1Ω이 합해져 이 회로의 저체저항은 3Ω이 되고,
V = IR 공식에 의해, 24 = I × 3, 따라서 I = 8 A.

12. PV발전시스템의 일사량 및 일조시간에 대한 내용으로 어긋나는 것은?

　① 일사강도를 날짜를 정해 연속적으로 측정한다.
　② 일사강도를 측정한 곳에 시간을 곱한 것을 그날, 그달에서 적산하여 표시한다.
　③ 일사강도는 단위면적, 단위시간 당의 에너지 밀도로 표시된다.
　④ 전력이용분야 : kW/m², MW/cm², j/cm²·min이다.

해설 — 일사강도를 측정하되 날짜를 정해서 측정하지는 않는다.

정답 10. ④　11. ②　12. ①

13. 경사지붕면적이 100㎡ (10m*10m)인 건축물에 PVS 설비를 구축하려고 한다. 165Wp급 모듈의 가로길이가 1.6m, 세로길이가 0.8m, 모듈의 온도에 따른 전압범위가 28~42V일 때 모듈의 설치 가능 개수는?

   ① 62개 　　　② 72개 　　　③ 80개 　　　④ 82개

   해설 [모듈의 설치 가능 개수(최대)]
   - 가로배열 : 10/1.6 = 6.25 ≒ 6개　- 세로배열 : 10/0.8 = 12.5 ≒ 12개
     즉, 설치가능개수는 6×12 = 72개

14. 경사지붕면적이 100㎡ (10m*10m)인 건축물에 PVS 설비를 구축하려고 한다. 165Wp급 모듈의 가로길이가 1.6m, 세로길이가 0.8m, 모듈의 온도에 따른 전압범위가 28~42V일 때 발전 가능 용량 kWp은? 단, 인버터의 동작전압은 150-540V, 효율은 92%(설치간격 및 기타 손실등은 무시하는 것으로 한다)

    ① 9.52　　　② 9.95　　　③ 10.93　　　④ 11.21

    해설　1. 모듈의 설치 가능 개수(최대)
    - 가로배열 : 10 / 1.6 = 6.25 ≒ 6개
    - 세로배열 : 10 / 0.8 = 12.5 ≒ 12개
    - 12개 직렬 연결시 최저전압 28 * 12 = 336V
      12개 직렬 연결시 최고전압 48 * 12 = 504V 동작 범위내에 있으므로
      즉, 설치가능개수는 6 * 12 = 72개
    2. 발전 가능 용량[kWp]
    - 발전 가능 용량 = 모듈수 * 모듈1 개의 Wp * PCS효율
      = 72 * 165 * 0.92 = 10.93kwp.

15. 유효전력(有效電力) Active power과 무효전력(無效電力) Reactive power의 설명으로 맞지 않는 것은?

    ① 유효전력 : 교류에서 회로 중 코일이나 콘덴서 성분에 의해 전압과 전류사이에 위상차가 발생하므로 실제로 유효하게 일을 하는 전력.
    ② 유효전력 = 전압 × (전류 × COSθ) 이며, COSθ을 역률이라 한다.
    ③ 무효전력 : 전압과 90도 방향 성분만큼의 전류(전류 × SINθ)와 전압의 곱으로서 기기에서 실제로 아무 일도 하지 않으면서(전력소비는 없음) 기기의 용량 일부만을 점유하고 있다.
    ④ ③의 SINθ을 역률이라 한다.

정답　13. ②　14. ③　15. ④

해설　○ 유효전력(有效電力) Active power
　　　　－ 교류에서 회로 중 코일이나 콘덴서 성분에 의해 전압과 전류사이에 위상차가 발생하므로 실제로 유효하게 일을 하는 전력(유효전력)은 전압 × 전류(=피상전력)가 아니고 전압과 동일방향 성분만큼의 전류(=전류 × COSθ) 만이 유효하게 일을 하게 된다. 따라서 유효전력 = 전압 × (전류 × COSθ) 이며, COSθ을 역률이라 한다.
　　　○ 무효전력(無效電力) Reactive power
　　　　－ 전압과 90도 방향 성분만큼의 전류(전류 × SINθ)와 전압의 곱으로서 기기에서 실제로 아무 일도 하지 않으면서(전력소비는 없음) 기기의 용량 일부만을 점유하고 있는데 SINθ를 무효율이라 한다.

16. 모듈에 부분 음영의 원인이 <u>아닌</u> 것은?

① 새의 배설물　　② 흙탕물　　③ 잦은 장마　　④ 나뭇잎

해설　－ 모듈 부분 음영의 원인 : 나뭇잎, 작은 그림자, 새의 배설물, 흙탕물 등.
　　　－ 장마는 오히려 먼지나 모듈의 잡물을 씻는 효과가 있다.

17. 태양광발전시스템 설계시 축전지 설치량을 구하라?

　　－ 조건 : N, 부조일수(3일)
　　　　　　EI, 부하의 수요전력량 = 90kWh.
　　　　　　Bf, 축전지 계수(충방전효율 × 방전심도 = 0.425)

① 635 kWh　　② 741 kWh　　③ 847 kWh　　④ 914 kWh

해설　Qb = EI (1+N) / Bf = 847 kWh.

18. 전기설비기술기준중 사용전압 300[V]초과 400[V]미만일 때 절연저항 값은?

① 0.1[MΩ]　　② 0.2[MΩ]　　③ 0.3[MΩ]　　④ 0.4[MΩ]

해설　[전기설비기술기준 : 절연저항값(절연저항 = 전압 / 누설전류)]
　　　－ 대지전압 150 [V] 이하.................... 0.1 [MΩ]
　　　－ 대지전압 150 [V] 넘고 300 [V] 이하.......0.2 [MΩ]
　　　－ 사용전압 300 [V] 초과 400 [V] 미만.......0.3 [MΩ]
　　　－ 사용전압 400 [V] 이상 저압 ....0.4 [MΩ]

정답　16. ③　17. ③　18. ③

19. 다음 태양광설비기기 중 인버터의 설치(주택용) 조건이 아닌 것은?

① 주위온도 : 최저 -10℃, 최고 40℃
② 습도 : 60% 이하에서, 이슬이 맺히면 안될 것.
③ 침수 : 홍수의 경우에도 침수하지 않도록 높을 것.
④ 기타 : 긴급사항(홍수, 화재, 재난)에 대비하여 항상 주변에 손이 미치는 장소에 있을 것.

해설 [인버터의 설치조건]

항 목	조 건
1. 주 위 온 도	- 최저 -10℃, 최고 40℃
2. 습 도	- 60% 이하에서, 이슬이 맺히면 안될 것.
3. 진 애	- 먼지, 티끌의 투입이 어려울 것. - 부엌 상부 등의 유연 공기는 막을 것.
4. 침 수	- 홍수의 경우에도 침수하지 않도록 높을 것.
5. 공 간	- 유지 작업공간을 주위에 확보해 둘 것.
6. 운전의 확인	- 운전하는 것이 용이하고 확인할 수 있는 장소에 있을 것.
7. 환 기 등	- 인버터에서 발생한 열이 막히지 않고 원활하게 적절한 환기가 이루어 질 것. - 주위나 상부에 연소하기 쉬운 물건을 배치해 두지 말 것.
8. 기 타	- 뱀, 고양이 등의 작은 동물이 접근하지 못할 것. - 아이들의 손이 미치지 못하는 장소에 있을 것. - 기계적인 진동이 항상 없는 장소에 있을 것.

20. 태양전지용량과 부하소비전력량과의 관계는 일반적으로 다음식과 같이 나타게 된다. 각 부호의미 중 틀린 내용으로 되어 있는 것은?

$$P_{AS} = \frac{E_L D R}{\frac{Q_A K}{H_s}}$$

- 여기에서 각 기호의 의미는 다음과 같다.

P_{AS} : 표준상태의 경우 태양전지어레이의 출력[kW]
　　　표준상태 : AM - 1.5, 일사강도 1,000[W/㎡], 태양전지셀 온도 25℃ ——— Ⓐ
E_L : 어떤 기간에 대한 부하소비전력량(수요전력량)[kWh/기간] ——— Ⓑ
R : 부하의 태양광발전시스템에 대한 의존율 = 1 - (백업전원전력의 의존률) ——— Ⓒ
K : 종합설계계수(태양전지모듈 출력분산의 보정, 회로손실등을 포함) ——— Ⓓ

① Ⓐ　　② Ⓑ　　③ Ⓒ　　④ Ⓓ

정답 19. ④　20. ③

해설   - 태양전지용량과 부하소비전력량과의 관계는 일반적으로 다음식과 같이 나타나게 된다.

$$P_{AS} = \frac{E_L DR}{\frac{Q_A K}{H_s}}$$

여기에서 각 기호의 의미는 다음과 같다.

P_{AS} : 표준상태의 경우 태양전지어레이의 출력[kW]
       표준상태 : AM - 1.5, 일사강도 1,000[W/m²], 태양전지셀 온도 25℃
Q_A : 어떤 기간에 얻을 수 있는 어레이면 일사량[kW/(m² · 기간)]
H_S : 표준상태의 경우 일사강도[kW/m²]
E_L : 어떤 기간에 대한 부하소비전력량(수요전력량)[kWh/기간]
D : 부하의 태양광발전시스템에 대한 의존율 = 1 - (백업전원전력의 의존률)
R : 설계 여유계수(추정한 일사량과 확인하여 설치환경에 따라서 보정)
K : 종합설계계수(태양전지모듈 출력분산의 보정, 회로손실, 시시에 의한 손실 등을 포함)

어떤 지역에서 일사량은, 일본기상협회가 NEDO에서 위탁연구에 의해 수집한 「발전량 기초조사 (1987년 발행)」에 의해 아는 것이 가능하다. 이것에 따라서, 어느 지역에서의 방위, 위치경사각에 따른 일사량에 관하여 월마다 알 수 있으므로, 이 데이터를 기초로 설계하는 것이 일반적이다. 주택용에 설치된 경우는 태양전지어레이의 설치면적이 한정되어 있으므로 그 면적에서 태양전지 용량을 산출하여 위 식에 대입하여 기대 발전전력량을 계산한다. 위 식에 따라. 소비전력량 E_L 을 기대발전전력량 E와 적용하면, 또 의존률 D, 설계허용계수 R 을 각각 1이라면, 다음식과 같이 된다.

$$E = \frac{Q_A K P_{AS}}{H_S}$$

다음으로 태양전지 어레이의 변환효율을 구한다. 표준상태의 경우 태양전지 어레이의 변환효율은 다음식으로 표현된다. 여기에서는 A는 태양전지 어레이의 면적이다.

$$\eta S = \frac{P_{AS}}{H_S A} \times 100\%$$

태양전지 어레이나 태양전지 모듈의 변환효율도 같은 형식의 식으로 계산, 간단히 변환효율이라 부르므로 검토에 있어 구별할 필요가 있다. 일반적으로 이런 변환효율은 다음식과 같은 관계가 있다.
    (태양전지 셀의 η)〉(태양전지모듈의 η)〉(태양전지어레이의 η)

21. 태양광 발전 인버터의 제어기능 조건이 **아닌** 것은?

① 계통의 전압이나 주파수 등의 변동이 있어도 안정하게 운전을 지속해야 한다.
② 태양전지의 출력을 감시하여 자동적으로 기동, 출력한다.
③ 일사강도에 의해서 시시각각 변화하는 태양전지의 출력에 대하여 얻을 수 있는 전력이 항상 최대가 될 수 있도록 최대전력 추종제어를 한다.
④ 직류/교류의 변환을 효율 좋게 해야 한다.

정답 21. ②

해설 [인버터]
- 태양전지는 빛이 적당하면 직류의 전력을 발전해서부터 이것을 가정에 사용하기 위해 교류로 변환하는 장치가 인버터이다. 이 인버터에는 직류/교류의 변환을 효율좋게 하고, 동시에 다음과 같은 제어기능을 가지고 있어야 한다.
  a. 계통의 전압이나 주파수 등의 변동이 있어도 안정하게 운전을 지속해야 한다.
  b. 태양전지의 출력을 감시하여 자동적으로 기동, 정지한다.
  c. 일사강도에 의해서 시시각각 변화하는 태양전지의 출력에 대하여 얻을 수 있는 전력이 항상 최대가 될 수 있도록 최대전력 추종제어를 한다.
  또 가정 등에서 사용하는 많은 인버터는 계통에 만일 사고가 발생하는 경우나 인버터 내부의 이상에는 신속하게 계통과의 연계를 차단보호하는 계통연계보호 기능을 내장하고 있고, 전체적으로 소형으로 만들어져 있다.

22. LINEBACK은 태양전지의 출력을 감시하여 자동적으로 운전/정지를 행하고 있다. 인버터의 운전/정지 조건이 <u>아닌</u> 것은?

① 운전조건 : 태양전지의 해방전압이 가동전압의 설정치를 넘어서 20분간 경과.
② 운전조건 : 태양전지의 해방전압이 기동전압의 설정치의 105% 이상을 1분간 경과.
③ 정지조건 : 태양전지의 전류가 정격의 5% 이하로 되어 20분간 경과.
④ 정지조건 : 태양전지의 전압이 120V 이하.

해설 [인버터의 운전/정지]
- LINEBACK은 태양전지의 출력을 감시하여 자동적으로 운전/정지를 행하고 있다. 운전/정지 조건은 다음과 같다.
  ① 운전조건
    ☞ 태양전지의 해방전압이 가동전압의 설정치를 넘어서 20분간 경과
    ☞ 태양전지의 해방전압이 기동전압의 설정치의 105%이상을 10초간 경과
  ② 정지조건
    ☞ 태양전지의 전류가 정격의 5% 이하로 되어 20분간 경과
    ☞ 태양전지의 전압이 120V 이하

정답 22. ②

23. 아래그림은 인버터의 원리를 설명한 것이다. 구체적으로 무엇을 설명하기 위한 도식인가?

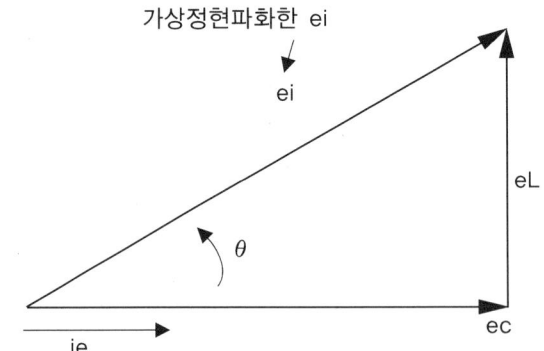

① 인버터의 출력전압과 위상각의 관계 ② 인버터의 계통전압과 위상각의 관계
③ 인버터의 리액턴스와 위상각의 관계 ④ 인버터의 가동전압과 위상각의 관계

해설

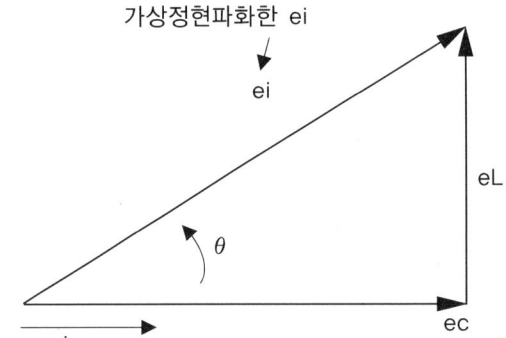

ei : 인버터 전압
eL : 리액터의 전압
ec : 계통전압
ic : 출력전류

〈그림 인버터의 출력전압과 위상각의 관계〉

[인버터의 출력전압과 위상각의 관계]
- 리액터는 PWM파형의 평활과 계통과의 연계리액터의 양쪽의 역할을 한다.
  출력전류ic는 계통전압ec와 항상 동상을 이루는 방법으로 제어되고 있다.
  리액터의 전압강하 eL은 리액터전류 ic와는 항상 직각의 관계에 있다.
  출력전압 P는
  $P = ec \times ic$ ················· (1)
  로 되고
  $ic = eL/\omega L$ ← 리액터L의 리액턴스 ············· (2)
  또한 $eL = ei \sin\theta$ ················· (3)
  따라서, $ic = ei \sin\theta/\omega L$ ················· (4)
  (4)식을 (1)식에 대입하면
  $P = ei \times ec \times \sin\theta/\omega L$ ················· (5)

정답 23. ①

로 되고, ei와 ec와의 사이의 위상각 θ를 제어함으로서 출력전력을 제어할 수 있게 된다. 실제에는 최대전력추종제어에서 보다 태양전지출력전력을 증대시키고 싶은 경우에는 그림에서처럼 오차신호의 위상을 계통전압 ec의 위상보다 빠르게 한다.
(그림의 왼쪽에 오게 한다. θ를 크게 한다.) 이것으로 (5)식의 sinθ가 증대되고 출력 P가 증대된다. 역으로 직류측에서 전력이 없을 때는 θ를 작게 하는 방향으로 제어한다. 이렇게 하여 결과적으로 출력P가 작게 된다. 본방식에는 항상 태양전지출력이 최대로되므로 오차신호와 계통전압간의 위상차를 조정하고 있다.

24. 아래 조건에 따른 태양전지의 최대 출력동작 전압은?

> 1. 배터리 전압 12V.
> 2. 배터리의 만 충전 계수 (연축전지의 경우는 1.24)
> 3. 다이오드 전압강하 (실리콘은 순방향시 0.7V의 전압강하)

① 12.50 V   ② 14.53 V   ③ 15.58 V   ④ 16.29 V

해설 ∴ 태양전지의 최대출력 동작전압 (V) = 12V × 1.24 + 0.7V = 15.58V

25. 아래 조건에 따른 태양전지 배터리의 용량을 계산 하면?

> 1. battery의 보수율 : 0.8(연축전지의 경우)
> 2. 1일의 소비 전류량 (Ah/일) = 194.6A (Ah/일)
> 3. 5일(무일사)

① 1,336.9 A   ② 1,216.2 A   ③ 1,114.1 A   ④ 1,002.1 A

해설
∴ 배터리의 용량 (Ah) = 194.6A (Ah/일) × $\dfrac{5일 (무일사)}{0.8 (배터리 보수율)}$ = 1216.2A

26. 태양전지 어레이용 가대 설계에 대한 내용이 <u>아닌 것은?</u>

① 가대의 구성은 프레임(Panel frame), 지지대(support lag), 기초판(base plate)으로 되어 있다.
② 하중의 단위는 N = 1kg * 1m/s², kgf(kg중) = 1kg * 9.8m/s² = 9.8N이다.
③ 상정 하중의 크기는 폭풍시 > 적설시 > 지진시의 순이다.
④ 상정하중 종류중 수평하중은 풍하중과 지진 하중 및 활하중이다.

정답 24. ③ 25. ② 26. ④

해설 [태양전지 어레이용 가대 설계]
1. 가대의 구성 : 프레임(Panel frame), 지지대(support lag), 기초판(base plate)
2. 하중의 단위 : N = 1kg * 1m/s², kgf(kg중) = 1kg * 9.8m/s² = 9.8N
3. 하중의 크기 : 폭풍시 > 적설시 > 지진시 이다.
4. 상정하중

구 분		내 용
수직하중	고정하중	어레이 + 프레임 + 서포트하중
	적설하중	경사계수 및 눈의 단위 질량 고려
	활하중	건축물 및 공작물을 점 유 사용함으로 써 발생하는 하중
수평하중	풍하중	어레이에 가한 풍압과 지지물에 가한 풍압의 합 풍력계수, 환경계수, 용도계수 등을 고려
	지진하중	지지층의 전단력 계수 고려

27. 태양전지 어레이용 가대 설계순서가 <u>아닌 것은?</u>

① 설치 장소 결정 ⇨ 태양전지 모듈의 배열 결정 ⇨ 지지대의 형태, 높이, 구조결정 ⇨ 설계기준 적용 ⇨ 상정최대하중 산출 ⇨ 하중의 의한 부재응력 산출 ⇨ 응력에 따른 재질, 형태, 크기 선정 ⇨ 지지대 개소설계.

② 설치 장소 결정 ⇨ 태양전지 모듈의 배열 결정 ⇨ 지지대의 형태, 높이, 구조결정 ⇨ 설계기준 적용 ⇨ 하중의 의한 부재응력 산출 ⇨ 상정최대하중 산출 ⇨ 응력에 따른 재질, 형태, 크기 선정 ⇨ 지지대 개소설계.

③ 설치 장소 결정 ⇨ 태양전지 모듈의 배열 결정 ⇨ 지지대의 형태, 높이, 구조결정 ⇨ 상정최대 하중 산출 적용 ⇨ 설계기준 적용 ⇨ 하중의 의한 부재응력 산출 ⇨ 응력에 따른 재질, 형태, 크기 선정 ⇨ 지지대 개소설계.

④ 설치 장소 결정 ⇨ 태양전지 모듈의 배열 결정 ⇨ 상정최대하중 산출 ⇨ 설계기준적용 ⇨ 지지대의 형태, 높이, 구조결정 ⇨ 하중의 의한 부재응력 산출 ⇨ 응력에 따른 재질, 형태, 크기 선정 ⇨ 지지대 개소설계.

정답 27. ④

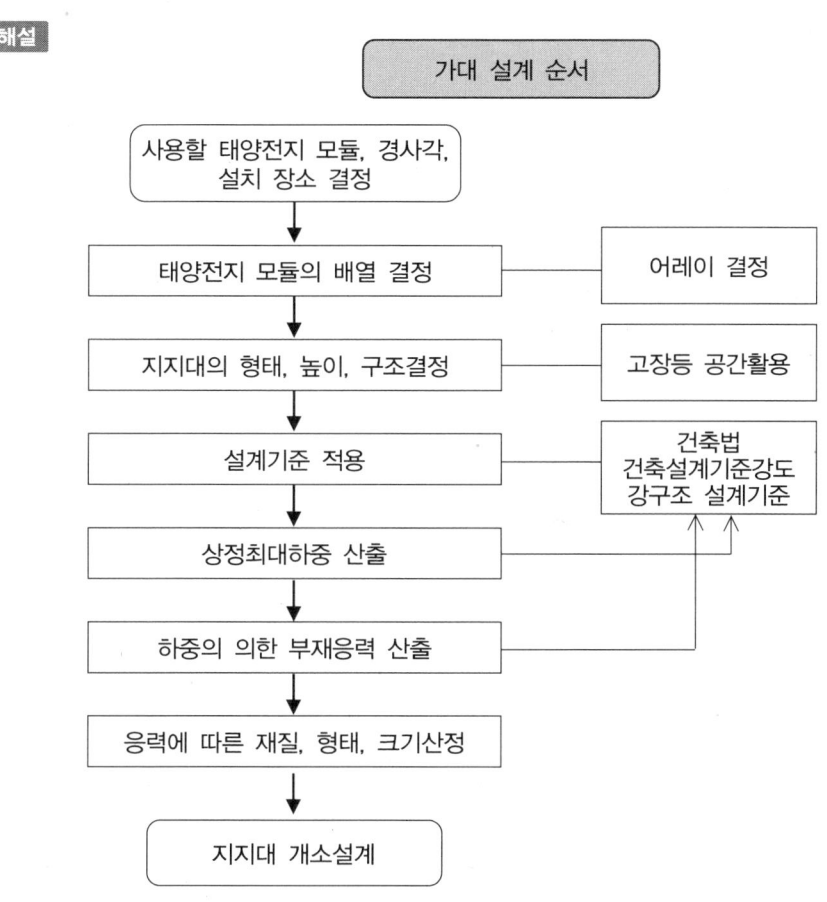

28. 태양전지 종류중 소재에 따른 분류중 아래 특징을 설명하는 것을 고르면?

1. 고효율, 인공위성 전원등의 특수목적용이다.
2. 상용 효율은 34%로 매우 높다.

① 단결정　　② 구상Si　　③ GaAs　　④ 비정질

| 해설 | 결정질계 화합물 | GaAs | 생산비율 < 1% | 상용 34% | - 고효율, 인공위성 전원등의 특수목적용 |

정답 28. ③

29. 태양의 고도각(남중고도)에 대한 설명중 틀린 것은?

① 하루 중 태양의 고도가 가장 높을 때의 고도를 말한다.
② 동지시 남중고도각 = 90도 - (위도 + 23.5도)
③ 춘추분시 남중고도각 = 90도 - 위도
④ 하지시 남중고도각 = (위도 - 23.5도) - 90도

해설 - 하지시 남중고도각 = 90도 - (위도 - 23.5도)

30. 주택용3kw PV시스템의 20년간 발전량을 계산하면?

① 43,800kw ② 87,600kw ③ 8,600kw ④ 4,380kw

해설 - 주택용3kw PV시스템의 연간 발전량을 계산하면
  3kw × 4h/day × 365day = 4,380kw
  이 시스템의 수명을 20년
  - 4,380kw × 20year = 87,600kw를 발생, 전력한다.

31. Power Conditioner 또는 Power Conditioning System(PCS)에 대한 설명으로 옳지 않은 것은?

① 태양전지 어레이의 출력이 항상 최대 전력점에서 발전할 수 있도록 최대 전력점 추종(MPPT : Maximum Power Point Tracking)제어 기능을 가지고 있어야 한다.
② 범용인버터와 같은 의미로 해석된다.
③ 계통과 연계되어 운전되기 때문에 계통사고로부터 PCS를 보호한다.
④ 태양광발전시스템 고장으로부터 계통을 보호하는 여러가지 보호기능을 보유하고 있어야 한다.

해설 PCS는 태양전지 어레이의 출력이 항상 최대전력점에서 발전할 수 있도록 최대전력점 추종(MPPT : Maximum Power Point Tracking)제어 기능을 가지고 있어야하며, 계통과 연계되어 운전되기 때문에 계통사고로부터 PCS를 보호하고 태양광발전시스템 고장으로부터 계통을 보호하는 여러가지 보호기능을 보유하고 있어야한다. 이 때문에 범용인버터와 구분하여 Power Conditioner 또는 Power Conditioning System(PCS)이라고 부른다.

정답 29. ④ 30. ② 31. ②

32. 태양광 인버터의 역할에 따른 설명으로 옳지 않은 것은?

① 변화하는 환경조건하에서 태양전지 어레이의 최적 동작점을 항상 추적한다.
② 최대 전력점 추종제어기능이 내장되어 있어야 한다.
③ 제어용 기준신호는 계통에서 받아 계통전압을 추종하여 계통전압과 별도로 운영되어야한다.
④ 계통사고로부터 PCS를 보호하고, 태양광발전시스템 고장으로부터 계통을 보호하여야한다.

해설 – 태양광 인버터의 역할 : 태양전지에서 생산된 직류 전력을 교류로 변환해 주는 장치이다.
① 일사량, 태양전지 어레이의 표면온도, 장애물 또는 구름에 의한 그림자 발생등의 영향으로 시시각각으로 변화하는 환경조건하에서 태양전지어레이의 최적동작점을 항상 추적하여 최대발전량을 얻을 수 있도록 운전하여야하기 때문에 최대전력점 추종제어기능이 내장되어 있어야 하고,
② 계통전압과 항상 동기운전이 필요하기 때문에 제어용기준신호는 계통에서 받아 계통전압을 추종하여 계통전압과 동기화가 되어야 하며,
③ 계통사고로부터 PCS를 보호하고, 태양광발전시스템 고장으로부터 계통을 보호하여야 하기 때문에 각종보호기능을 내장하여야하는 등의 차이점이 있다.

33. 태양광 인버터의 회로 방식 설명으로 옳지 않은 것은?

① 저주파변압기형
② 고주파 링크형
③ 변압기형
④ PCS의 용량, 사용목적, 설치장소 등에 따라 선택이 달라진다.

해설 [태양광 인버터의 회로 방식]
– 회로방식에 따라 저주파변압기형, 고주파 링크형, 무변압기형으로 구분된다.
– PCS의 용량, 사용목적, 설치장소 등에 따라 선택이 달라진다.

34. 태양광 인버터의 회로 방식의 장·단점 설명으로 옳지 않은 것은?

① 저주파변압기형 장점 : 구조가 간단하고 절연이 가능하며 회로구성이 간단하다.
② 고주파 링크형 장점 : 소형경량화가 가능하고 절연성 우수.
③ 무변압기형 단점 : 소형경량화가 가능하고 효율을 상승시킬 수 있다.
④ 고주파링크형 단점 : 저주파변압기의 사용으로 효율이 낮고 중량이 무거우며 부피가 크다.

정답 32. ③ 33. ③ 34. ③

해설 [태양광 인버터의 회로 방식]
- 회로방식에 따라 저주파변압기형, 고주파 링크형, 무변압기형으로 구분된다.
  PCS의 용량, 사용목적, 설치장소 등에 따라 선택이 달라진다.

무변압기형
- 입력에 승압초퍼가 있고 출력단에 변압기가 없는 회로방식. 초퍼는 입력직류 전압이 낮을 때만 동작하고 전압이 높을 때는 By-pass 된다.
장점 : 소형경량화가 가능하고 효율을 상승 시킬 수 있다.
단점 : 변압기가 없기 때문에 직류성 분유입 가능성이 있다.

35. PV시스템의 뇌보호는 외부 뇌보호와 내부 뇌보호로 구성된다. 외부뇌보호의 종류가 아닌 것은?

① 수뢰 돌침
② 인하도선
③ 안전 이격거리의 확보
④ 교류회로의 클래스 I

해설
- 외부 뇌보호 : 수뢰 돌침, 인하도선, 안전 이격거리의 확보, 등전위 본딩.
- 내부 뇌보호 : 직류 및 교류회로의 클래스 I 또는 클래스 II 의 SPD(과전압방호 디바이스 설치).

36. 태양전지 어레이(길이 2.58m, 경사각 30도)가 남북 방향으로 설치되어 있으며, 앞면 어레이의 높이는 약 1.5m, 뒷면 어레이에 태양입사각이 45도일 때, 앞면어레이의 그림자 길이는?

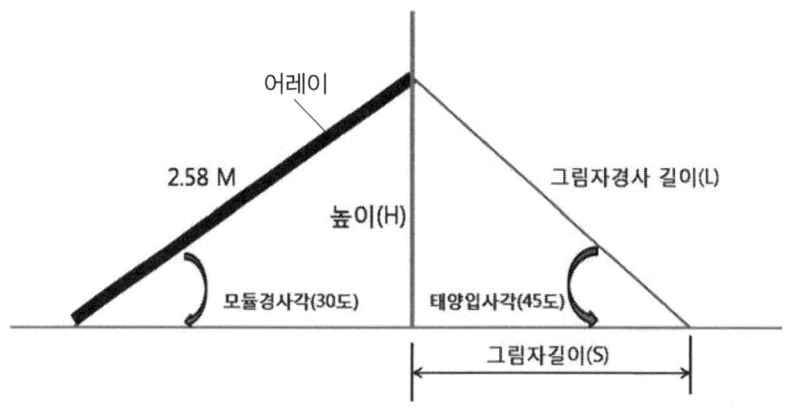

① 1.2M
② 1.3M
③ 1.4M
④ 1.5M

해설 - 그림자 길이(S) = H / L = (2.58×cos45) / (높이(H) / cos30)
= 2.58 × (cos45 / cos30) × cos45
= 2.58 × (1/2) × ((2√3) / 3))
= 1.489 ≒ 1.5M.

정답 35. ④ 36. ④

제2과목 태양광발전시스템 설계 - 예상 문제

37. 임야 중턱에 태양광설비를 설치시 기초 구비사항중 얕은 기초에 관한 내용이 아닌 것은?

① 기초의 안정성 = 침하에 대한안정성, 연직지지력에 대한 안정성.

② 기초형식 선정시 검토 항목 = 기초저면에서의 연직지반반력은 허용연직 지지력 이내일 것.

③ 기초저면에서의 전단 지반반력은 저면지반의 허용전단저항력 이내일 것.

④ 말뚝기초는 항타를 기본으로 함.

해설 - ④는 깊은기초 내용이며, 지문은 얕은기초 사항임.

38. 태양광설비를 설치시 프레임의 앵커볼트의 조임에 관한 내용이 아닌 것은?

① 너트조임은 바로 세우기 완료 후 해야 한다.

② 앵커볼트의 장력이 균일하게 되도록 한다.

③ 공사시방서에 정한바가 없는 경우는 콘크리트에 너트가 매립된 경우에도 2중 너트를 사용한다.

④ 공사시방서에 정한 바가 없는 경우의 조임방법은 너트회전법을 사용하고, 너트의 밀착을 확인한 후에 30°회전시킨다.

해설 [앵커볼트의 조임]
가. 너트조임은 바로 세우기 완료 후, 앵커볼트의 장력이 균일하게 되도록 한다. 너트의 풀림 방지는 공사시방서에 따른다. 공사시방서에 정한바가 없는 경우는 콘크리트에 너트가 매립된 경우가 아니면 2중 너트를 사용하여 풀림을 방지한다.
나. 앵커볼트의 조임력 및 조임방법은 공사시방서에 따른다. 공사시방서에 정한 바가 없는 경우의 조임방법은 너트회전법을 사용하고, 너트의 밀착을 확인한 후에 30°회전 시킨다.

39. 태양광설비를 설치시 프레임 아크 스터드 용접의 특징이 아닌 것은?

① 대체로 급열, 급냉을 받는 이유로 저탄소강에 용이.

② 용재를 채워 탈산 또는 아크의 매우 불안정.

③ 스터트 주변사용시 페룰 사용.

④ 철골, 건축, 자동차의 볼트 용접에 많이 이용.

정답 37. ④ 38. ③ 39. ②

해설 [스터드용접]
- 강봉이나 황동봉 같은 것을 볼트 대신에 모재에 심는 방법. 아크 용접의 일종이다. 스터드를 모재에 접촉시켜 놓고, 전류를 통하게 한 다음 스터드를 모재에서 약간 떼고 아크를 발생시켜서, 알맞게 녹았을 때에 스터드를 용융지에 눌러서 용착시킨다.
- 아크 스터드 용접의 4가지 특징
  1) 대체로 급열, 급냉을 받는 이유로 저탄소강에 용이.
  2) 용재를 채워 탈산 또는 아크의 안정.
  3) 스터트 주변사용 시 페룰 사용.
  4) 철골, 건축, 자동차의 볼트 용접에 많이 이용.

40. 태양광설비를 설치전 울타리가설공사 "착수전 준비작업"이 아닌 것은?
① 지자체 착공신고를 소홀히 할 경우 누락되는 경우가 있으므로 반드시 확인.
② 현장 주변 민원예상 건축물 및 상황 파악.
③ 경계 확정 후 상세도와 비교하여 건물배치 조정.
④ 우기시 안전, 배수, 토사유출 방지계획 검토.

해설 [울타리(가설)공사 시공 공사 착수전 준비작업]
(1) 지자체 착공신고를 소홀히 할 경우 누락되는 경우가 있으므로 반드시 확인.
(2) T.B.M 좌표를 인수하여 보존조치 한 후 경계측량을 실시하여 경계확정.
(3) 현장내 지형 지물, 지중 매설물 등을 파악하여 원지형도와 배치도의 합성도면을 작성하여 기초 시공자료로 활용.
(4) 현장 주변 민원예상 건축물 및 상황 파악.
(5) 경계 확정 후 배치도와 비교하여 건물배치 조정.
(6) 건물배치 확정 후 가설건물, 작업장등의 배치와 작업동선, 가설도로 계획, 안전관리계획 등을 검토하여 확정.
(7) 가설전기. 공사용수 공급계획 검토.
(8) 우기시 안전, 배수, 토사유출 방지계획 검토.
(9) 현장 진입로 안내판, 홍보판 설치 검토.

41. 태양광발전설비의 종류란 계통연계형 태양광발전설비와 독립형 태양광발전설비로 구분된다. 각각 계통연계형 태양광발전설비와 독립형 태양광발전설비에 대한 설명으로 옳지 않은 것은?
① 계통연계형 태양광발전설비란 태양전지 어레이로부터 직류전력을 인버터를 통하여 교류전력으로 변환시켜 한전 계통과 연계하는 시스템으로 축전지가 필요하다.

정답 40. ③ 41. ①

② 계통연계형 태양광발전설비는 태양전지 어레이와 계통연계형 인버터로 구성된다.
③ 독립형 태양광발전설비란 낙도, 산간벽지 등 한전 계통 전원 공급이 어려운 지역에서 태양광 발전으로만 전기를 공급하는 시스템이다.
④ 독립형 태양광발전설비는 태양전지 어레이, 충방전 조절기, 인버터, 축전지로 구성된다.

해설
- 계통연계형 태양광발전설비란 태양전지 어레이로부터 직류전력을 인버터를 통하여 교류전력으로 변환시켜 한전 계통과 연계하는 시스템으로 축전지가 필요없고, 태양전지 어레이와 계통연계형 인버터로 구성된다.
- 독립형 태양광발전설비란 낙도, 산간벽지 등 한전 계통 전원 공급이 어려운 지역에서 태양광 발전으로만 전기를 공급하는 시스템이며, 태양전지 어레이, 충방전 조절기, 인버터, 축전지로 구성된다.

42. 태양광 발전설비중 전기설비 간선 및 모듈공사에 대한 설명으로 틀린 것은?

① 태양광 발전설비의 전기공사는 태양전지 모듈의 설치와 동시에 진행된다.
② 일반적인 배선공사는 교류 배선공사로서 부하를 병렬로 결선하는 공사가 대부분이다.
③ 태양광 발전에 관계되는 전기공사는 직류 배선공사가 많아 극성연결은 비교적 간단하다.
④ 전기공사는 크게 옥내공사와 옥외공사로 나눌 수 있다.

해설 [전기설비 간선 및 모듈공사]
- 태양광설비 개요 등
  태양광 발전설비의 전기공사는 태양전지 모듈의 설치와 동시에 진행된다.
  태양전지 모듈간의 배선은 물론 접속함이나 인버터 등과 같은 설비와 이들 기기 상호간을 순차적으로 접속하여 최종적으로 계통에 연계하여 태양광 발전설비로 부터 생산된 전기를 역송전하게 된다. 일반적인 배선공사는 교류 배선공사로서 부하를 병렬로 결선하는 공사가 대부분을 점하고 있지만 태양광 발전에 관계되는 전기공사는 직류 배선공사인 동시에 직렬, 병렬로 결선하는 경우가 많아 극성에 특히 주의를 요한다. 또한 시공에 있어서 전기설비 기술기준, 전기설비 기술기준의 판단기준 및 신재생에너지 설비의 지원 등에 관한 기준 등을 비롯한 관계 법령에 따라 시공하여야 한다.
  전기공사는 크게 옥내공사와 옥외공사로 나눌 수 있다.

43. 태양광 발전설비전기모듈 설치시 안전성, 내구성 그리고 편의성 측면에서 주의할 사항에 대한 설명으로 어긋나는 것은?

① 모듈 제조업체의 조립 및 설치 지시 내용을 성실히 지켜야 한다. 가장 주의하여야 할 설치는 모듈 프레임에 미리 뚫어 놓은 구멍을 써서 고정하는 것이다.

정답 42. ③ 43. ③

② 설치하는 지방의 풍력 및 눈 부하 효과로부터 얻어진 최대 풍속 및 적설 하중을 초과하여서는 안된다.
③ 평평한 지붕에서 통로는 유지보수 및 점검 목적으로 모듈을 설치전 미리 확보되어야 한다.
④ 프레임이 없는 모듈은 운반이나 설치 중 파손될 위험이 있으므로 아주 주의하여 다루어야 한다.

해설 - 모듈 설치 시 안전성, 내구성 그리고 편의성 측면에서 주의할 사항을 들면,
1) 모듈 제조업체의 조립 및 설치 지시 내용을 성실히 지켜야 한다. 이는 특히 설치 형태 또는 클램프 및 정의된 설치 시스템을 강조하여 시험한 것과 같이 이 목적으로 제공된 모듈상의 효율성 및 안정성에 영향을 미친다. 가장 주의하여야 할 설치는 모듈 프레임에 미리 뚫어 놓은 구멍을 써서 고정하는 것이다.
2) 설치하는 지방의 풍력 및 눈 부하 효과로부터 얻어진 최대 풍속 및 적설하중을 초과하여서는 안된다.
3) 모듈 프레임에 구멍을 추가적으로 뚫어서는 안된다. 그렇지 않으면 보증을 받을 수도 할 수도 없다.
4) 건조하고 맑은 날에 공구를 이용하여 설치하여야 한다.
5) 모듈은 설치하는 동안 밟아서는 안되고 무겁거나 뾰족한 물체를 그 위에 두어서는 안된다.
6) 평평한 지붕에서 통로는 유지보수 및 점검 목적으로 <u>모듈을 설치한 후 확보되어야 한다</u>. 채광창 및 지붕에 접근할 때는 깨끗하게 하여야 한다. 지붕 표면은 자주 올라가 걸어 다니도록 설계되어 있지 않다.
7) 프레임이 없는 모듈은 운반이나 설치 중 파손될 위험이 있으므로 아주 주의하여 다루어야 한다. 귀퉁이나 모서리가 특히 예리하다.

44. 모듈의 전기적인 특성에 대하여 설명하였다. ( )의 내용은?

> <u>모듈의 전기적인 특성</u>
> ( ) 상태에서의 전압, 전류와 온도 변화에 따른 전압변동, 직렬 조합에 의한 합성 전압, 병렬 구성에 의합 합성 전류등의 특성이 있다.

① STC (Standard Test Condition) ② 스트링방식
③ 센트럴방식   ④ 분산형 전원배전계통 연계조건

해설 - 태양광의 에너지 강도 1000 w/m² 를 표준 에너지 강도란 뜻으로 STC (Standard Test Condition) 라고 하며 태양전지나 측정 장비를 시험할 때에 기준 일을 강도로 삼고 있으며, 태양광의 기준 일조 강도 : (STC) = 1,000 W/m².
⇨ 0.8 STC = 800 W/m², 12 STC = 1200 W/m².

정답 44. ①

45. 모듈의 전기적인 방식특성에 대하여 설명하였다. (   )의 내용은?

> (   )이란 시스템 구성 하여 모듈 어레이 구성시 소용량 다량의 인버터(예 : 10kW, 20kW)를 적용해서 시스템을 구성하는 방식.
> - 별도의 인버터실 불필요.
> - 하나의 큰 용량의 인버터에 모듈이 직렬로 연결되는 것.
> - 마이크로 인버터로 설치하였을 때에 비교하여 보다 경제적으로 초기투자비용이 드는 것이 장점이지만, 한 모듈의 출력이 전체 시스템 출력에 영향을 끼치게 된다.

① STC (Standard Test Condition)
② 스트링인버터(String Inverters) 방식
③ 센트럴방식인버터 방식
④ 분산형 전원배전계통 연계조건

해설 [스트링인버터(String Inverters) 방식]
– 마이크로 인버터로 설치하였을 때에 비교하여 보다 경제적으로 초기투자비용이 드는 것이 장점입니다. 하지만, 한 모듈의 출력이 전체 시스템 출력에 영향을 끼치게 됩니다.
한 연구에 의하면 모듈 9%를 가리는 그림자가 생겼을 때 전체 시스템 출력의 54%를 줄일 수 있다고 합니다. 또한 냉각 팬을 함께 설치해야 하므로 팬에서 생기는 소음과 공간을 더 차지하는 것이 문제점이 될 수 있습니다. 스트링 인버터는 태양광 시스템에 그림자가 생기지 않는 환경에서 설치하기에 적합합니다.

46. 모듈의 전기적인 방식특성에 대하여 설명하였다. (   )의 내용은?

> (   ) 방식은 모듈 하나 또는 두 개에 작은 사이즈의 인버터를 연결하는 것이다. 스트링 인버터에 비교하여 전체 시스템 출력이 5~25% 증가하며, 열에 의한 손상을 입을 경우가 적고, 하나 또는 두 모듈에 문제가 있을 때 전체적인 출력에 영향 을 미치지 않도록 조절할 수 있는 것이 장점이다. 반면에 스트링 인버터로 설치할 때보다 약 30% 정도 높은 초기투자비용이 단점이다.

① STC (Standard Test Condition)
② 스트링인버터(String Inverters) 방식
③ 마이크로 인버터(Micro-Inverters)방식
④ 센트럴방식

정답 45. ② 46. ③

해설 [마이크로 인버터(Micro-Inverters)방식]
- 모듈 하나 또는 두 개에 작은 사이즈의 인버터를 연결하는 것이다. 예를 들자면, 250W 모듈로 10kW의 시스템을 설치하는 경우 250W 인버터 40대 또는 500W 인버터 20대를 설치하는 것이다.
- 스트링 인버터에 비교하여 전체 시스템 출력이 5~25% 증가하며, 열에 의한 손상을 입을 경우가 적고, 하나 또는 두 모듈에 문제가 있을 때 전체적인 출력에 영향을 미치지 않도록 조절할 수 있는 것이 장점이다. 반면에 스트링 인버터로 설치할 때보다 약 30% 정도 높은 초기투자비용이 단점이다.
- 하지만, 그림자가 자주 생기는 곳에 태양광 시스템 설치를 고려하신다면 스트링 인버터보다 마이크로 인버터로 설치하는 것이 효율적인 발전에 적합하다.

47. 가정용으로 태양광 발전시스템을 이용하고자 한다. 가정용 공급전력인 3kW을 생산하기 위한 태양전지의 설치면적은 어느 정도인가?

① 10~20㎡ ② 20~30㎡ ③ 30~40㎡ ④ 40~50㎡

해설
- 태양전지는 1㎡당 100 ~ 150W를 발전하므로 3 kW 전력을 위한 설치 면적은
  = 3kW ÷ (0.1 ~ 0.15 kW/㎡) = 20 ~ 30㎡ 이다.

48. 가정용으로 태양광 발전시스템을 이용하고자 한다. 가정용 공급전력인 3kW을 생산하기 위한 축전지의 용량은 정도로 하면 좋은가? (단, 일반가정의 한달 전기량을 270kWh)

① 16 kWh ② 27 kWh ③ 36 kWh ④ 46 kWh

해설
- 축전지의 용량은 3일간의 전기사용량으로 결정한다. 일반 가정의 한달 전기 사용량을 270 kWh 정도로 고려하면, 3 일간의 전기사용량(축전지의 용량)은
  270kWh ÷ (30일 ÷ 3일) = <u>27 kWh</u> 정도가 된다.

49. 태양열을 이용한 온수 시스템을 설계하고자 한다. 주위 온도 0°C인 겨울철에 하루 10°C의 수돗물을 40°C의 온수 200 L를 생산하기 위한 집열기의 면적을 구하라. (단, 1일 평균 태양열 받는 유효시간을 4시간)

① 1.2㎡ ② 2.3㎡ ③ 3.3㎡ ④ 4.3㎡

해설
- 겨울철 일사량(태양 에너지) I는 지역에 따라 다르지만 910 W/m2, 태양 에너지 유리 통과율은 $\beta=0.8$, 총 열전달 계수K는 K = 5W/㎡K를 사용하고 대기온도 T_a = 0°C, 집열기 온도 T_c =40°C를 취한다.
  먼저 하루 4시간 동안 온수 200 L(200 kg)를 생산하기 위한 가열량 Q는 물의 비열 c가 101.3 kPa, 25°C 에서 4.18 kJ/kg이므로 다음과 같다.
  ∴ Q = mcΔT = 200 kg × 4.18 kJ/kgK × 30K = 25,080 kJ

정답 47. ② 48. ② 49. ③

따라서 단위 시간당 가열량 Q는 Q = Q/4hr = 25,080 kJ/4hr = 6,270 kJ/hr 이다.
집열기에서 태양에너지 집열량 Q는 다음과 같다.
∴ Q = Aq = A[βI − K(Tc − Ta)]
따라서 집열면적 pA 다음과 같다.
A = Q / βI − K(Tc − Ta) = 6.27kJ/3,600s / 0.8 × 910 W/㎡ − 5 W/㎡K × 40 K
≒ 3.3 ㎡

50. 태양광 시스템의 발전량 분석(시공기준은 아님)에 따른 내용으로 거리가 먼 것은?

① 하루 일조 시간을 지역에 따라 3~4시간으로 설정한다.
② Solar Pro 등과 같은 시뮬레이션 프로그램으로는 발전량 분석용으로는 적당치 않다.
③ 시뮬레이션을 이용할 경우 지역의 일사량이나 여러 가지 다양한 변수에 따라 일별, 월별, 년간 발전량성능의 분석이 가능하다.
④ 시뮬레이션을 이용할 경우 I-V곡선으로 발전량성능의 분석이 가능하다.

해설 [태양광 시스템의 발전량 분석(시공기준은 아님)]
– 태양광 발전시스템의 발전량을 때에 따라 설계과정에서 분석해야 할 경우가 종종 있다. 이때 발전량의 계산은 하루 일조 시간을 지역에 따라 3~4시간으로 설정하여 간단하게 계산하는 방법과 Solar Pro 등과 같은 시뮬레이션 프로그램을 이용하여 계산하는 방법이 있다. 시뮬레이션을 이용할 경우 지역의 일사량이나 여러 가지 다양한 변수에 따라 일별, 월별, 년간 발전량이나 I-V 곡선 등의 다양한 성능의 분석이 가능하다.

51. 태양광 설비 시스템 인버터의 설치용량은 설계용량 이상이어야 하고, 인버터에 연결된 모듈의 설치용량은 인버터의 설치용량 (   )이어야 한다. (   )안의 내용으로 맞는 것은?

① 105% 이내   ② 105% 이상   ③ 100% 이내   ④ 105% 이상

해설 – 인버터의 설치용량은 설계용량 이상이어야 하고, 인버터에 연결된 모듈의 설치용량은 인버터의 설치용량 105%이내이어야 한다. 단, 각 직렬군의 태양전지 개방전압은 인버터 입력전압 범위 안에 있어야 한다.

52. 다음 (   )안의 내용으로 맞는 것은?

(   ) 태양광 발전시스템은 운전모드로 24시간상용으로 운전 되도록 설계, 제작해야 한다. 4가지 상태에서의 운전이 가능하도록 설치되어야 한다.

① 지붕형   ② 계통연계형   ③ 독립형   ④ 벽외장재 일체형

정답 50. ② 51. ① 52. ③

해설 - 도서 등의 독립형 태양광 발전시스템은 운전모드로 24시간 상용으로 운전 되도록 설계, 제작해야 한다. 4가지 상태에서의 운전이 가능하도록 설치되어야 한다.

53. 파워컨디셔너(인버터)성능에 대한 사양으로 어긋나는 것은?

① 접속방식 : 3상 4선식
② 전압정도(자립운전시) : ±5% 이내
③ 과부하내량 : 110% 이상
④ 정격역률(연계운전시) : 0.95 이상

해설 - 파워컨디셔너(인버터)성능은 다음을 고려하고, 이외 사항은 공사시방서에 의한다.
① 직류입력(운전전압범위)
② 교류출력전압(3상)
③ 접속방식 : 3상 4선식
④ 전압정도(자립 운전시) : ±10% 이내
⑤ 주파수정도(자립 운전시) : ±0.1Hz이내(계통운전보호 기능 일체형은 ±1Hz이내)
⑥ 출력전압왜형률(자립 운전시) : 종합 5%(단,선형정격 부하 접속시)이하
⑦ 과부하내량 : 110% 이상
⑧ 출력전류 왜형률(연계 운전시) : 종합 5%(정격출력시)이하, 각차 3%(정격출력시)이하
⑨ 정격역률(연계 운전시) : 0.95 이상
⑩ 출력전압 불평형률(자립 운전시) : 10%(평형부하시)이하

54. 태양광 발전설비공사에 인버터를 설치하여야 한다. (   )안의 내용은?

> 분전반은 인버터 판넬에 내장되고, 발전기와 인버터의 자동전환이 가능하도록 (   )를 설치하되, 운영자가 확인 후 수동 전환 되어야 한다.

① ATS(Automatic Load Transfer Switch)
② 입·출력부 회로 차단기(MCCB)
③ 정류기
④ 바이패스 소자

해설 [인버터(분전반)]
* 축전지의 DC전원을 AC전원으로 변환하는 장치로 10KW용량으로 아래의 전기적 특성을 만족하여야 한다.
가) 입력전압 : DC 132V ± 10%
나) 출력전압 : AC 220V
다) 주 파 수 : 60Hz ± 3%
라) 정격출력전류 : 22.5A
마) 인버터 용량 : 1상 5KVA

정답 53. ② 54. ①

바) 최대입력전압 : 183.5VDC
사) 종지전압 : 104.5VDC
아) 디스플레이 : MIMIC DIAGRAM 및 LCD DISPLAY MONITOR 내장
자) 유지보수대책 : 400개 HISTORY 기록 저장기능내장
차) 출력분기회로 : 3회로 내장
카) 입·출력부 회로 차단기(MCCB), 각종 지시램프 및 원인별 고장 램프를 설치하여야 하며, 입·출력부에 전압과 전류를 측정할 수 있는 계기를 설치하여야 한다.
타) 분전반은 인버터 판넬에 내장되고, 발전기와 인버터의 자동전환이 가능하도록 ATS(Automatic Load Transfer Switch)를 설치하되, 운영자가 확인 후 수동전환 되어야 한다.

55. 태양광 발전장치시스템에 대한 용어 정의내용이다. ( )안의 내용은?

충전기는 비상시 옹도등대의 발전기를 이용하여 충전 및 전력 공급을 위한 설비로 부하 전류가 정격을 초과하여 정격전류의 (Ⓐ)이상 흐르면 자동적으로 빠르게 단자전압을 강하하여 부하 전류 증가를 억제하는 특성이 있는 장비로 입·출력 특성을 만족하며, 감독관의 승인 후 제작·설치하여야 한다.

① 90 %   ② 100 %   ③ 110 %   ④ 120 %

56. 태양광 발전장치시스템의 충전기 입.출력 설치조건이 아닌 것은?

① 입력전압 : AC380, 220V±10%
② 주 파 수 : 60Hz±3%
③ 정격출력용량 : 10.56KW
④ 출력조건 : 3상4선 280/110V, 48KW

해설 [충전기]
가) 입력전압 : AC380, 220V ± 10%
나) 주 파 수 : 60Hz ± 3%
다) 정격출력전압 : 132VDC
라) 정격출력전류 : 80A
마) 정격출력용량 : 10.56KW
바) 발전기 자동 기동 조건 : 1.90V/C * 55 = 104.5V (DOD 50% 기준)
사) 발전기 자동 정지 조건 : (2.4V/C * 55 = 132V) AND 전류 20A 이하로 감소 시
아) 출력조건 : 3상4선 380/220V 48KW
자) 충 전 기 준 : PS 800AH 10시간율 충전기준
차) 디스플레이 : MIMIC DIAGRAM 및 LCD DISPLAY MONITOR 내장
카) 회로 차단기가 설치되어야 하고, 입·출력부에 전압과 전류를 측정할 있는 계기가 있어야 하며, 각종 지시램프 및 고장램프 등이 있어야 한다.

정답 55. ③ 56. ④

57. 태양전지에 대한 내용이다. 틀린 내용으로 되어있는 것은?

① 부식 방지를 위하여 도금 처리한 프레임을 사용해야 한다.
② 최대 풍속 40㎧, 순간 최대 풍속 60㎧에 견딜 수 있는 구조로 제작해야 한다.
③ 태양전지 내부에는 부분적인 그림자로 인한 보상용 By-pass 다이오드가 필히 부착되어야 한다.
④ 태양전지 상호간 순환전류 방지를 위하여 Junction Box를 부착하여야 한다.

해설 [태양전지]
1) 고효율 태양전지 Cell 코팅 기술로 효율을 향상시킨 단결정 실리콘 태양전지가 연결된 제품이어야 하며, 모듈에 사용하는 유리는 외부 환경에 영향을 받지 않도록 저 반사 특수 유리 제작, 충격에 강하고 및 투과성이 우수하여야 한다.
2) 부식 방지를 위하여 도금 처리한 프레임을 사용해야 하며, 최대 풍속 40㎧, 순간 최대 풍속 60㎧에 견딜 수 있는 구조로 제작해야 한다.
3) 태양전지 내부에는 부분적인 그림자로 인한 보상용 By-pass 다이오드가 필히 부착되어야 한다.
4) Junction Box는 옥외 방수형으로 전기적으로 완전하게 접속되고, 케이블 연결 또는 어레이 구성이 간편한 방수형으로 제작하고, 태양전지 상호간 순환전류 방지를 위하여 <u>역류방지 다이오드</u>를 부착하여야 한다.

58. 모듈을 여러장 연결하는 직렬회로에서 역류를 방지하기 위하여 설치하는 다이오드의 명칭은 무엇인가?

① 블로킹 다이오드　　② 바이패스 다이오드
③ 정류 다이오드　　　④ 발광 다이오드

59. 태양의 고도를 따라서 모듈을 움직이는 방식이 있는데, 이것을 추적식이라고 한다. 추적식 중에서 동서 또는 남중고도각을 하나만 조절하는 방식은?

① 일축식　② 양축식　③ 고정식　④ 고정가변형

60. 반복적이고 설치장소에 따라 발생하는 음영은 무엇인가?

① 굴뚝 or 안테나　　　② 눈, 낙엽
③ 황사, 새의 배설물　　④ 위성 안테나, 굴뚝의 매연

정답 57. ④　58. ①　59. ①　60. ①

제2과목 태양광발전시스템 설계 – 예상 문제

61. 태양광 발전 추적방식이 아닌 것은?

① 센서 방식   ② 프로그램 방식   ③ 복합 방식   ④ 일사량 추적

62. 태양광 발전 설비를 고정식으로 설치하는 경우 국내에서 최적 경사각은 얼마인가?

① 10~20도   ② 15~25도   ③ 28~36도   ④ 40~60도

63. 접지공사중 제1종 접지공사의 저항값으로 옳은 것은?

① 10Ω   ② 20Ω   ③ 30Ω   ④ 40Ω

> **해설**
>
> | 접지공사의 종류 | 접지 저항값 |
> |---|---|
> | 제1종 접지공사 | 10Ω |
> | 제2종 접지공사 | 변압기의 고압측 또는 특별 고압측 전로의 1선지락전류의 암페어 수에서 150을 나눈 값의 옴수 |
> | 제3종 접지공사 | 100Ω |
> | 특별 제3종 접지공사 | 10Ω |

64. 기계기구 외함 등의 접지에서 400볼트 미만의 접지공사는?

① 제3종 접지공사   ② 특별 제3종 접지공사
③ 제1종 접지공사   ④ 제2종 접지공사

> **해설**
>
> | 기계기구의 구분 | 접 지 공 사 |
> |---|---|
> | 400V미만의 저압용 | 제3종 접지공사 |
> | 400V이상의 저압용 | 특별 제3종 접지공사 |
> | 고압용 또는 특별고압용 | 제1종 접지공사 |

65. 일반케이블로 시설하여 방재대책을 강구하여 시행하여야하는 장소로 옳지 않는 것은? (단, 지중 케이블 밀집되어있음)

① 집단 아파트   ② 공동구
③ 집단 상가의 옥외 수전실   ④ 덕트 및 4회선 이상 시설된 맨홀

> **해설** [케이블 방재 [내선규정 820-12]]
> 지중전선에 화재가 발생한 경우 화재의 확대방지를 위하여 케이블이 밀집 시설되는 개소의 케이블은 난연성케이블을 사용하여 시설하는 것을 원칙으로 하며, 부득이 일반 케이블로 시설하는 경우에는 케이블에 방재대책을 강구하여 시행하는 것이 바람직하다.

정답 61. ④ 62. ③ 63. ① 64. ① 65. ③

□ 적용장소
집단 아파트 또는 집단 상가의 구내 수전실, 케이블 처리실, 전력구(공동구), 덕트 및 4회선 이상 시설 된 맨홀.

66. 지중전선에 화재가 발생한 경우 화재의 확대방지를 위하여 일반케이블로 시설하여 방재대책을 강구하여야 한다. 방재시설방법이 아닌 것은?

① 케이블 처리실(옥내 Duct 포함)　　② 전력구(공동구)
③ 바닥, 벽, 천장　　④ 관통부분

해설 방재시설방법
가. 케이블 처리실(옥내 Duct 포함)
  - 케이블 전 구간 난연처리.
나. 전력구(공동구)
  - 수평길이 20m 마다 3m 난연처리.
  - 케이블 수직부(45도이상) 전량 난연처리.
  - 접속부위 난연처리.
다. 관통부분
  - 벽 관통부를 밀폐시키고 케이블 양측 3m씩 난연재 적용.

67. "신·재생에너지 설비 원별 시공기준"에서 규정된 태양전지모듈 그림자의 영향을 받지 않는 곳에 정남향 설치를 원칙으로 하고 있다. 정남향을 결정하는 각의 기준은?

① 교각　　② 경사각　　③ 방위각　　④ 방향각

해설
- 교각 : [angle of intersection, 交角]
  두 직선, 두 곡선, 두 평면, 평면과 직선이 한 점 또는 한 직선에서 만나서 이루는 각이다.
- 경사각 : [傾斜角]
  어떤 직선이나 평면이 수평면과 이룬 각도.
- 방위각 : [azimuth, 方危角]
  방위를 나타내는 각도. 관측점으로부터 정남을 향하는 직선과 주어진 방향과의 사이의 각으로 나타냄.
- 방향각 : [assumed azimuth, 方向角]
  평면 직각 좌표계의 북 또는 임의의 방향을 기준으로 하여 우회전하여 측정한 각.

68. 태양광 모듈의 크기가 0.53 m × 1.19m이며, 최대출력 80W인 이 모듈의 에너지 변환효율은 몇(%)인가? (표준조건상태의 시험임.)

① 14.23　　② 15.56　　③ 11.98　　④ 12.92

정답 66. ③ 67. ③ 68. ④

해설 ※ 모듈 효율 계산법
- 태양전지모듈의 효율을 계산하는 방식
* 예)모듈 - 출력 80W 면적 0.52m x 1.19m = 0.6188 제곱미터인 모듈의 효율
* 변환효율계산(1㎡당 평균 에너지량 1000w로 상정)
* 해당모듈에 입사되는 에너지량 = 0.6188 × 1000 = 618.8w
* <u>모듈변환효율 (%) = 80w ÷ 618.8w × 100(%) = 12.92%</u>

모듈효율이 높거나 낮더라도 같은 80와트급 이면 출력양은 동일하다.
다만 모듈의 효율이 높은 것이 상대적으로 크기가 작다.
공간 활용도 면에서 이득이 있다.
위 식은 정식 계산을 한 것이기는 하나 필드에서의 상황은 다를 수 있다.
즉 날씨의 영향을 많이 받기 때문에 계산해둔 용량보다 적어도 10%정도 이상으로
용량을 증대시켜서 사용하는 것이 좋다.

69. 기준판은 기본 측정법에 따라 교정하며, 기본 측정법에서 모듈 설치 환경이 아닌 것은?

① 방향 : 모듈 전면 정남향
② 경사각은 수평면 기준으로 45°±5°
③ 높이 : 지면이나 기준 평면으로부터 0.6m
④ 배치 : 어레이에 설치되는 모듈의 열적 경계 조건을 모의하기 위하여, 피시험 모듈은 어레이를 연장한 평면 위에 다른 모듈로부터 사방으로 적어도 50cm 이상 떨어진 곳에 위치해야 한다.

해설 기본 측정법에서 모듈 설치 환경은 다음과 같다.
- 방향 및 경사각 : 모듈 전면이 정남을 향하고, 경사각은 수평면 기준으로 45°±5°
- 높이 : 지면이나 기준 평면으로부터 0.6m
- 배치 : 어레이에 설치되는 모듈의 열적 경계 조건을 모의하기 위하여, 피시험 모듈은 어레이를 연장한 평면 위에 다른 모듈로부터 사방으로 적어도 60cm 이상 떨어진 곳에 위치해야 한다. 하나만을 독립적으로 설치하거나 뒷면 개방 상태로 설치할 수 있게 설계한 모듈의 경우에는 설치되는 평면의 남은 공간을 검은 알루미늄 판이나 또는 피시험 모듈과 동형의 모듈로 채워야 한다.
- 주위 환경
  정오 이전 4시간 전부터 이후 4시간까지 피시험 모듈이 받는 햇볕을 가리는 방해물이 없어야 한다. 지면은 비정상적으로 높은 태양 반사율을 갖지 않아야 하고, 가대를 기준으로 평평하고 같은 높이이거나 사방으로 바깥쪽으로 경사를 가지고 있어야 한다. 즉, 주위보다 약간 높은 곳에 설치해야 하며, 잔디밭이나 기타 잡초가 우거진 곳, 검정 아스팔트나 너저분한 흙바닥 등은 주위 환경으로 적당하다고 할 수 있다.

정답 69. ④

70. 공공기관이 신축하는 연면적 3천제곱미터 이상의 건축물에 대해서 총 건축공사비의 몇% 이상을 신·재생에너지설비에 의무적으로 사용하게 하는가?

① 1% 이상　　② 3% 이상　　③ 5% 이상　　④ 7% 이상

해설 공공기관 신·재생에너지 이용 의무화
- 공공기관이 신축하는 연면적 3천제곱미터 이상의 건축물에 대해서 총건축 공사비의 5% 이상을 신·재생에너지설비에 의무적으로 사용하게 하는 제도(신에너지 및 재생에너지 개발·이용·보급 촉진법).

71. 모듈 내습·내열성 시험(damp·heat test)시험에 대한 설명으로 틀린 것은?

① 모듈을 오랜 기간 사용할 때, 습기와 고온에 대한 내성을 보기 위한 시험이다.
② 시험 온도 ; 100℃±2℃, 상대 습도 ; 100%±5%
③ 시험 기간 ; 1000시간
④ 내습-내열성 시험이 종료되고 모듈 환경이 정상 조건으로 회복된 다음, 2시간이 지나 4시간이 경과하기 전에 절연시험 습윤누설 전류시험 및 최대출력 결정 시험을 반드시 거쳐야 한다.

해설 내습-내열성 시험 ; damp-heat test
∴ 모듈을 오랜 기간 사용할 때, 습기와 고온에 대한 내성을 보기 위한 시험이다.
시험 방법은 IEC Std 60068-2-78에 준하며, 피시험 모듈은 전처리 없이 상온에서 바로 조건이 맞춰져 있는 시험상에 넣어 시험한다. 시험 조건은 다음과 같다.
- 시험 온도 ; 85℃±2℃ 상대 습도 ; 85%±5%
- 시험 기간 ; 1000시간
- 내습-내열성 시험이 종료되고 모듈 환경이 정상 조건으로 회복된 다음, 2시간이 지나 4시간이 경과하기 전에 절연시험 습윤누설 전류시험 및 최대출력 결정 시험을 반드시 거쳐야 한다.

72. 모듈 내습·내열성 시험(damp·heat test)시험에 대한 설명으로 틀린 것은?

① 모듈을 오랜 기간 사용할 때, 습기와 고온에 대한 내성을 보기 위한 시험이다.
② 시험 온도 ; 100℃±2℃, 상대 습도 ; 100%±5%
③ 시험 기간 ; 1000시간
④ 내습-내열성 시험이 종료되고 모듈 환경이 정상 조건으로 회복된 다음, 2시간이 지나 4시간이 경과하기 전에 절연시험 습윤누설 전류시험 및 최대출력 결정 시험을 반드시 거쳐야 한다.

정답 70. ③　71. ②　72. ②

해설 내습-내열성 시험 ; damp-heat test
∴ 모듈을 오랜 기간 사용할 때, 습기와 고온에 대한 내성을 보기 위한 시험이다.
시험 방법은 IEC Std 60068-2-78에 준하며, 피시험 모듈은 전처리 없이 상온에서 바로 조건이 맞춰져 있는 시험상에 넣어 시험한다. 시험 조건은 다음과 같다.
- 시험 온도 ; 85°C±2°C 상대 습도 ; 85%±5%
- 시험 기간 ; 1000시간
- 내습-내열성 시험이 종료되고 모듈 환경이 정상 조건으로 회복된 다음, 2시간이 지나 4시간이 경과하기 전에 절연시험 습윤누설 전류시험 및 최대출력 결정 시험을●●●

73. 모듈 집적도 ; module packing factor 또는 packing density 구하는 공식으로 맞는 것은?

① 모듈을 이루는 전체 단위 태양전지의 넓이와 모듈 넓이의 비.
② 모듈을 이루는 전체 단위 태양전지의 길이와 모듈 길이의 비.
③ 모듈을 이루는 전체 단위 태양전지의 체적과 모듈 체적의 비.
④ 모듈을 이루는 전체 단위 태양전지의 대각선와 모듈 대각선의 비.

해설 모듈 집적도 ; module packing factor 또는 packing density
- 모듈을 이루는 전체 단위 태양전지의 넓이와 모듈 넓이의 비.

74. 내선규정관련 회로에 관한 용어설명이 틀린 것은?

① 제어회로 : 계전기 또는 이와 유사한 기구를 통하여 다른 회로를 제어하는 회로를 말한다.
② 신호회로 : 벨, 부저, 신호등 등의 신호를 발생하는 장치에 전기를 공급하는 회로를 말한다.
③ 구내인입선 : 가공인입선, 지중인입선 및 연접인입선의 총칭을 말한다.
④ 약전류회로 : 고주파 또는 펄스에 의한 신호의 전용전송회로를 말한다.

해설 - 인입선 : 가공인입선, 지중인입선 및 연접인입선의 총칭을 말한다.
- 구내인입선 : 구내전선로에서 그 구내의 전기사용장소로 인입하는(또는 전기사용장소에서 인출하는) 가공전선 및 동일구내의 전기사용장소 상호간의 가공전선으로서 지지물을 거치지 아니하고 시설되는 것을 말한다.

정답 73. ① 74. ③

75. 내선규정관련 각종 재료 관한 용어설명이 틀린 것은?

① 불연성 : 사용 중 닿게 될지도 모르는 불꽃, 아크 또는 고열에 의하여 열소되지 아니하는 성질을 말한다.

② 절연전선 : 600V 비닐절연전선, 600V 폴리에틸렌절연전선, 600V 불소수지절연전선, 600V 고무절연전선, 저압절연전선, 고압절연전선, 인입용 비닐절연전선 및 인하용절연전선을 말한다.

③ 난연성 : 불꽃, 아크 또는 고열에 의하여 착화하지 아니하거나 또는 착화하여도 잘 열소하지 아니하는 성질을 말한다.

④ 애관류 : 전선의 조영재 관통장소 등에 사용하는 애관, 두께 1.2mm 이상의 합성수지관 등을 말한다.

해설 — 절연전선 : 600V 비닐절연전선, 600V 폴리에틸렌절연전선, 600V 불소수지절연전선, 600V 고무절연전선, 특별고압절연전선, 고압절연전선, 인입용 비닐절연전선 및 인하용 절연전선을 말한다.

76. 태양광 인버터 성능시험중 과도응답특성시험의 종류와 상관없는 것은?

① 입력전력급변   ② 전압불평형 급변   ③ 위상급변   ④ 불평형급변

해설 Inverter 성능시험

1. 구조시험	2. 절연성능시험	3. 보호기능시험	4. 정상특성시험
	가. 절연저항 나. 상용주파내전압 다. 낙뢰내전압	가. 출력과전류 나. 입/출력 OVR, UVR 다. 출력직류분검출 라. 출력 OFR, UFR 마. 단독운전검출 바. 일정시간투입방지	가. 전압주파수추종 나. 역률, 전류THD 다. 누설전류, 온도상승 라. 소프트스타트, 효율 마. 무부하손실, 대기손실 바. 수동/자동 기동, 정지 사. 입력리플, MPPT
5. 과도응답특성시험	6. 외부사고시험	7. 내전기환경시험	8. 내주위환경시험
가. 입력전력급변 나. 계통전압급변 다. 위상급변 라. 불평형급변	가. 출력측단락 나. 계통순간정전/강하 다. 부하차단	가. 전압왜형율내량 나. 전압불평형 다. 서지내압	가. 습도시험 나. 온습도사이클시험

정답 75. ② 76. ②

77. 태양광 인버터 성능시험중 절연성능시험의 종류와 상관없는 것은?

① 절연저항   ② 상용주파내전압   ③ 서지내압   ④ 낙뢰내전압

해설 – 76번 설명그림 참조.

78. 태양광설비 시스템 구성시 계통연계형 형식의 구성이 아닌 것은?

① 태양전지 모듈   ② 인버터   ③ 기초   ④ 접속반

해설 – 자재
태양전지모듈지지대, 기초, 시스템(태양전지모듈, 인버터, 접속반, 모니터)등으로 구성한다.

79. 태양광설비 시스템 구성시 계통연계형 형식의 동작기능 설명이 아닌 것은?

① 최대출력점 추종제어 (MPPT) : 태양전지의 출력특성은 일사량, 온도, 습도 등에 따라 변동하므로 외부변화 요인에 따라 최대 출력점 추종제어를 한다.
② 고조파억제 : 인버터로부터 역조류된 전류에 포함된 왜율이 크면 계통 및 부하설비에 손실증대와 기기손상 등의 영향을 줄 수 있으므로 다음과 같이 억제 한다.
   – 종합전류왜율 : 5%이하   – 각차전류왜율 : 3%이하
③ 보호기능 : 인버터 고장, 정전, 계통 이상 및 입력측 이상에 대해 인버터 및 계통을 보호하기 위하여 자동 차단기능을 갖는다.
④ 역류방지기능 : 계통사고시 인버터가 이상현상을 검출하지 못하고 운전을 계속하는 운전상태를 예방하는 기능을 갖는다.

해설 – 단독운전방지기능 : 계통사고시 인버터가 이상현상을 검출하지 못하고 운전을 계속하는 단독운전상태를 예방하는 단독운전방지기능을 갖는다.
– 역류방지기능을 갖는다.

80. 태양광설비 시스템 구성시 계통연계형 모듈의 결선 내용으로 틀린 것은?

① 모듈 결선시에는 극성에 유의하여 설계도면 사양의 전선으로 결선한다.
② 모듈의 직렬 연결 시 절연에 유의하여 작업하며 모듈간 연결배선의 길이를 길게 하여 여유분을 남겨야 하고 미관상 양호하게 처리한다.
③ 군별로 연결된 태양전지 출력선에 대하여 위치를 확인할 수 있도록 표시한다.
④ Junction Box는 결합성이 우수하여 Box내에 빗물이나 수분이 침투하지 않도록 해야 하고 직병렬 어레이 구성이 간편하게 결선한다.

정답 77. ③ 78. ③ 79. ④ 80. ②

해설 – 모듈의 직렬 연결 시 절연에 유의하여 작업하며 모듈간 연결배선의 길이를 일정하게 하고 미관상 양호하게 처리한다.

81. 태양광설비 계통연계형 인버터 설치는 전기실 바닥으로부터 얼마 이상 높이에 설치하고 지지대는 충분한 강도를 가져야 하나?

    ① 최소 50mm 이상
    ② 최소 40mm 이상
    ③ 최소 30mm 이상
    ④ 최소 10mm 이상

    해설 – 인버터 설치
    　　가. 인버터는 공사가 지정하는 장소에 설치한다.
    　　나. 인버터는 전기실 바닥으로부터 최소 50mm 이상 높이에 설치하고 지지대는 충분한 강도를 가져야 한다.

82. 태양광설비 계통연계형 인버터 설치후 시스템 성능 시험 중 절연저항 측정시 아래 빈칸에 들어갈 내용으로 맞는 것은?

    가. 저압전로의 절연저항은 전선상호간, 전선과 대지간, 개폐기 또는 과전류 차단기로 구분될 수 있는 전로마다 (A) 이상이어야 한다.
    나. 모듈의 절연저항은 (B) 이상이어야 한다.

    ① A = 1㏁, B = 100㏁
    ② A = 2㏁, B = 200㏁
    ③ A = 3㏁, B = 300㏁
    ④ A = 2㏁, B = 100㏁

    해설 – 태양광설비 계통연계형 인버터 시스템 성능시험
    　　: 절연저항 측정
    　　가. 저압전로의 절연저항은 전선상호간, 전선과 대지간, 개폐기 또는 과전류 차단기로 구분될 수 있는 전로마다 1㏁ 이상이어야 한다.
    　　나. 모듈의 절연저항은 100㏁ 이상이어야 한다.

정답 81. ① 82. ①

제2과목 태양광발전시스템 설계 - 예상 문제

83. 태양광설비 계통연계형 인버터 누설전류 시험에서 인버터의 기체와 대지와의 사이에 1kΩ 이상의 저항을 접속해서 저항에 흐르는 누설전류를 측정한다. 그 판정 기준은?

① 누설전류가 5mA 이하일 것.
② 누설전류가 7mA 이하일 것.
③ 누설전류가 9mA 이하일 것.
④ 누설전류가 10mA 이하일 것.

해설 - 계통연계형 인버터 : 누설전류 시험의 판전기준은 누설전류가 5mA 이하일 것.

84. 분산형 인버터에 의한 모듈제어중 외부에 설치된 인버터의 설치 방법이 <u>아닌</u> 것은?

① 지면으로부터 최소 1m 이상 이격되어야 한다.
② 통풍이 안 되면 과열로 고장과 화재의 원인이 되므로 제품에 뚫려있는 환기구가 막히지 않도록 한다.
③ 평지붕에 적합하다.
④ 인버터의 상부와 하부에 최소 20cm이상의 공간을 확보하여 충분한 통풍이 되도록 하여야 한다.

해설 - ④는 분산형 인버터에 의한 모듈제어중 내부에 설치된 인버터의 설치 방법이다.

[분산형 인버터에 의한 모듈제어]

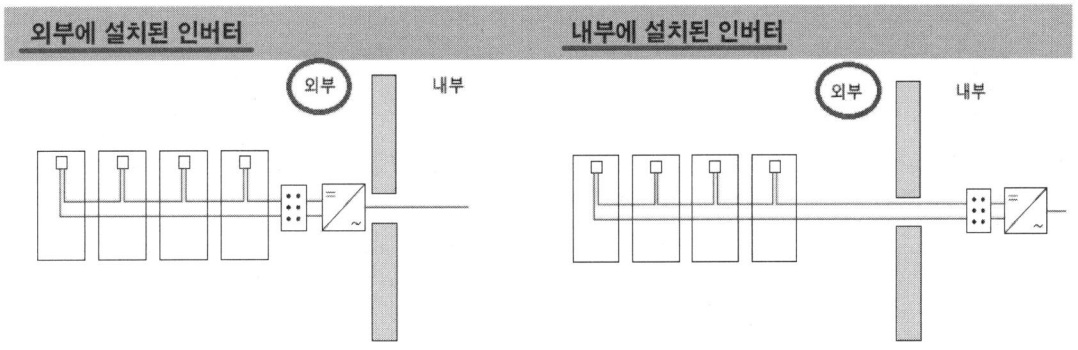

외부에 설치된 인버터	내부에 설치된 인버터
· 지면으로부터 최소 1m이상 이격 · 통풍이 안 되면 과열로 고장과 화재의 원인이 되므로 제품에 뚫려있는 환기구가 막히지 않도록한다. · 평지붕에 적합	· 인버터의 상부와 하부에 최소 20cm이상의 공간을 확보하여 충분한 통풍 · 경사지붕에 적합

정답 83. ① 84. ④

85. 태양광 시스템 설치 방법에 따른 중앙식 인버터의 설치 방법의 장점이 <u>아닌 것은?</u>

① 방위각과 경사각이 같을 경우 설치에 유리하다.
② 유지관리가 용이하다.
③ 효율이 높다.
④ 추가 설치가 가능하다.

해설 - ④는 태양광 시스템 어레이 인버터에 설치 방법의 장점이다.

[태양광시스템 설치컨셉]

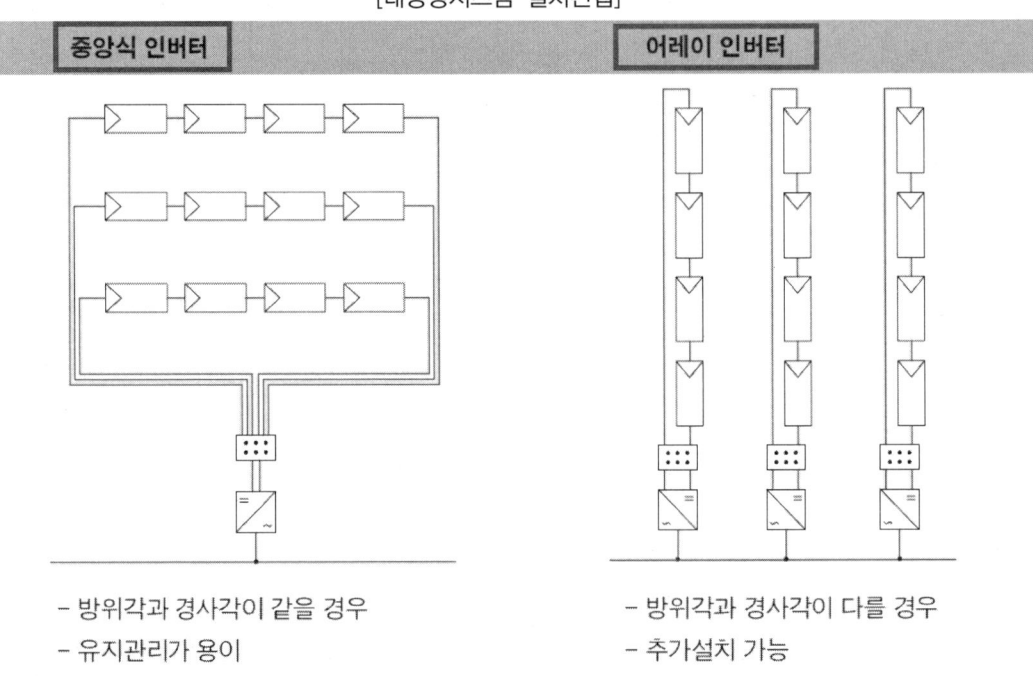

- 방위각과 경사각이 같을 경우
- 유지관리가 용이
- 높은 효율
- 가격장점

- 방위각과 경사각이 다를 경우
- 추가설치 가능
- 음영에 의한 피해 감소

86. 태양광설비중 인버터 선정시 기본 고려사항이 <u>아닌 것은?</u>

① 인버터의 출력 정격이 태양광어레이의 최대 출력의 90%이하가 되지 않도록 할 것.
② 인버터의 MPP 범위와 태양광 어레이의 동작 전압이 맞을 것.
③ 인버터정격이 어레이의 최대 전압 및 전류를 견딜 수 있을 것.
④ 온도에 따른 어레이의 출력변화를 고려해야 한다.

해설 - 온도에 따른 어레이의 전압변화를 고려하여 선정하여야 한다.

정답 85. ④ 86. ④

제2과목 태양광발전시스템 설계 - 예상 문제

87. 인버터는 어떠한 경우에도 어레이/스트링의 최대전압 및 전류가 인버터의 전류가 인버터의 전압전류정격을 초과해서는 안된다. 그 이유가 <u>아닌</u> 것은?

① 인버터의 손상을 야기 할 수 있다.
② 전기부품에 과부하가 걸리게 되면 열화가 빨라진다.
③ 박막형모듈의 경우 초기 출력이 초기출력이 정격보다 높게 나온다.
④ 온도상승에 따른 열화가 이루어지면 수명이 짧아 질 수 있다.

<u>해설</u> - ③은 인버터 선정시 기본 고려사항이다.

88. 인버터의 교류출력 측에 직류 검출기를 구비하고, 직류 검출시에 교류출력을 정지하는 기능을 갖춘 경우 인버터의 회로방식은 3가지로 구분한다. 그 3가지 방식과 <u>다른</u> 것은?

① 상용주파 변압기 절연방식
② 고주파 변압기 절연방식
③ 출력제어방식
④ 트랜스리스 방식(Trans Less방식)

<u>해설</u> - 인버터의 교류출력 측에 직류 검출기를 구비하고, 직류 검출시에 교류출력을 정지하는 기능을 갖춘 경우 인버터의 회로방식은 3가지로 구분한다.
1) 상용주파 변압기 절연방식
   PWM 인버터를 이용하여 상용주파수의 교류로 만들고, 상용주파수의 변압기를 이용하여 절연과 전압변환을 하는 방식.
   - 장점) 내뢰성과 노이즈컷이 뛰어남.
   - 단점) 상용주파 변압기를 이용하기 때문에, 중량이 무겁다.
           인버터 사이즈가 커지고, 변압기에 의한 효율이 떨어짐.
2) 고주파 변압기 절연방식
   태양전지의 직류출력을 고주파의 교류로 변환한 후, 소형 고주파 변압기로 절연한다.
   그 다음 일단 직류로 변환하고, 다시 상용주파수 교류로 변환한다.
   - 장점) 소형이고, 경량이다.
   - 단점) 회로가 복잡하고, 가격이 고가이다.
3) 트랜스리스 방식(Trans Less방식)
   2차회로에 Transformer를 사용하지 않는 방식.
   - 장점) 소형, 경량으로 가격적인 측면에서 유리. 신뢰성도 우수.
   - 단점) 상용전원과의 사이에는 비절연.

정답 87. ③ 88. ③

89. 태양광 인버터의 종류및 특징에 따른 분류 중 소형경량, 저가격 및 신뢰성이 높으며 상용전원과 절연되지 않음에 따른 위험성이 존재하는 부하측 절연방식의 하나는?

① 상용주파수절연방식 ② 고주파 변압기 절연방식
③ 출력제어방식 ④ 트랜스포머 리스(Transformer less)방식

해설 – 트랜스리스 방식(Trans Less방식)
2차회로에 Transformer를 사용하지 않는 방식.
장점) 소형, 경량으로 가격적인 측면에서 유리. 신뢰성도 우수.
단점) 상용전원과의 사이에는 비절연.

90. 계기용 변압기(PT)와 비교되는 CT [Current Transformer]의 설명으로 틀린 것은?

① 계기용 변류기는 대전류를 소전류로 변성하는 것으로 보통 정격 2차전류는 5A 이다.
② 정상적인 사용 상태에서는 CT의 2차측 전류가 1차측 전류에 현저히 비례하고, 그 위상각의 변위가 거의 없는 계기용 변압기를 말한다.
③ PT는 계측기용과 계전기용으로 구분된다.
④ 계측기기, 보호 계전기나 이와 유사한 기기에 1차측에 흐르는 전류에 비례하는 전류를 공급한다.

해설 – CT [Current Transformer]
계기용 변류기는 대전류를 소전류로 변성하는 것으로 보통 정격 2차전류는 5A 이다.
이것은 계기, 계전기의 입력이 5A로 설계되기 때문이다.
정상적인 사용 상태에서는 CT의 2차측 전류가 1차측 전류에 현저히 비례하고, 그 위상각의 변위가 거의 없는 계기용 변압기를 말한다.
이와 같은 특성으로 계측기기, 보호 계전기나 이와 유사한 기기에 1차측에 흐르는 전류에 비례하는 전류를 공급한다. CT는 계측기용과 계전기용으로 구분된다.

91. 독립형 시스템용 축전지의 설명으로 틀린 것은?

① 초기의 태양전지는 우주용, 통신용, 기상관측용 등에서 이용이 시작되었다.
② 독립형 전원시스템용 축전지는 매일 충방전을 반복하고, 기계적으로 조합하여 유지보수가 곤란한 장소에 설치되는 경우가 많다.
③ 독립형 전원시스템용 축전지의 기대수명은 방전심도(DOD)와 방전횟수, 사용온도 등에 의해 크게 변한다.
④ 태양광발전시스템에서는 충격에 의해 충·방전량이 변화하기 때문에 평균적인 방전심도를 설정하여 축전지의 기종을 선정할 필요가 있다.

정답 89. ④ 90. ③ 91. ④

해설 [독립형 전원시스템의 개요]
태양전지는 처음에는 독립전원으로서의 사용되기 시작했다.
초기의 태양전지는 우주용, 통신용, 기상관측용 등에서 이용이 시작되었고, 그 이후에는 상용전원이 없는 곳에서 활용하는 등 발전을 계속해 왔다.
독립형 전원시스템용 축전지는 매일 충·방전을 반복하고, 기계적으로 조합하여 유지보수가 곤란한 장소에 설치되는 경우가 많다. 그리고 충전상태도 일정하지 않아 축전지 측면에서 보면 불안정한 사용 상태에 놓여 있다고 할 수 있다.
독립형 전원시스템용 축전지의 기대수명은 방전심도(DOD)와 방전횟수, 사용온도 등에 의해 크게 변하며, 또한 태양광발전시스템에서는 날씨에 의해 충·방전량이 변화하기 때문에 평균적인 방전심도를 설정하여 축전지의 기종을 선정할 필요가 있다.

92. 낙뢰(여름뢰와 겨울뢰)의 설명으로 틀린 것은?

① 여름뢰는 대표적인 낙뢰이다.
② 여름뢰는 산악지와 평야 또는 바다와의 경계, 주위가 산으로 둘러싸인 분지 등에서 온도, 습도가 불연속으로 되기 쉽다.
③ 여름뢰는 겨울뢰에 비해 넓은 범위까지 그 영향을 미친다.
④ 겨울뢰는 겨울철에 기온이 급변할 때에 발생하기 쉽다.

해설 — 낙뢰에는 일반적으로 여름에 발생하는 여름뢰와 겨울에 발생하는 겨울뢰가 있으며, 이들은 서로 다른 성질을 가지고 있다. 여름뢰는 대표적인 낙뢰로서 산악지와 평야 또는 바다와의 경계, 주위가 산으로 둘러싸인 분지 등에서 온도, 습도가 불연속으로 되기 쉽고, 따라서 상승기류가 발생하기 쉬운 곳에서 생기는 소나기구름이 대표적 이다. 겨울뢰는 겨울철에 기온이 급변할 때에 발생하기 쉽다. 겨울철의 뇌운은 시베리아로부터의 강풍 때문에 길게 갈리듯이 발생하고, 운저도 낮기 때문에 대지로의 1회 방전으로 구름의 전체 전하가 방전되어 버리는 경우가 많다.
또한, 여름뢰에 비하여 파고치는 1,000~수천 A로 적지만 계속시간이 1,000배 정도 길고 대지 전류도 길게 먼 곳까지 흘러가기 때문에 여름뢰에 비해 넓은 범위까지 그 영향을 미친다.

93. 태양전지 모듈 상호간 연결 시 주의 사항이 아닌 것은?

① 태양전지 모듈 간의 배선은 단락전류에 충분히 견딜 수 있도록 2.5 ㎟ 이상의 전선을 사용해야 한다.
② 케이블이나 전선은 모듈 이면에 설치된 전선관에 설치되거나 가지런히 배열 및 고정되어야 하며, 이들의 최소 굴곡반경은 각 지름의 6배 이상이 되도록 한다.
③ 같은 행태의 모듈은 다른 시스템에도 사용할 수 있다.
④ 발전량 변이가 8% 이상이면 MPP 전류에 의한 분류를 표준실행으로 추천한다.

정답 92. ③ 93. ③

해설 - 같은 행태의 모듈은 같은 시스템에 사용되어야 한다.

94. 아래 공식은 무엇을 구하는 공식인가?

$$Pmax = \frac{100 \times P}{E[I-\alpha(T-25)]}$$

P : 피측정 태양전지 최대출력
E : 입사광 강도 (kW/㎡)
α : 태양전지 출력 온도계수 (1/℃)

① 피측정 태양전지 모듈의 표준상태에서의 최대출력(W)
② 피측정 태양전지 모듈의 변환
③ 피측정 태양전지 모듈의 변환효율(%)
④ 피측정 태양전지 모듈의 표준상태에서의 최대출력(W)효율

95. 태양광 모듈 노화분석결과 내용이 <u>아닌</u> 것은?

① 부식현상이 가장 노화가 빠르다.
② 셀또는 연결부위가 ① 다음 으로 노화가 빠르다.
③ 단자박스 문제는 노화현상과 관련이 없다.
④ 바이패스 다이오드 결함은 노화가 가장 느리다.

노화 현상	발생비율(%)
부식현상	45.3
셀 또는 연결부위 문제	40.7
출력선 문제	3.9
단자박스 문제	3.6
EVA Sheet 박리	3.4
전선, 다이오드, 터미널단자 등의 과열분해	1.5
기계적, 물리적 파손	1.4
바이패스 다이오드 결함	0.2
합 계	100

정답 94. ① 95. ③

제2과목 태양광발전시스템 설계 - 예상 문제

96. 다음의 태양광 모듈의 효율을 계산 하면?

  (Pmax = 250W, 가로 = 1,700mm, 세로 = 1,000mm)

  ① 14.7%   ② 15.7 %   ③ 15.0%   ④ 16.7%

  해설 – 효율 = (250 × 100) / (1,700 × 1,000 × 1000) = 14.7%

97. 소형 태양광발전용 인버터(계통연계형, 독립형)의 실운전 시험시 출력 과전압 및 부족 전압 보호기능 시험의 고장제거 시간표의 내용중 (A) 내용은?

전압 범위 (기준전압에 대한 비율 %)	고장 제거 시간(초)
V < 50	0.16 이내
50 ≤ V < 88	2.00 이내
110 < V < 120	(A)
V ≥ 120	0.16 이내

① 1.00 이내   ② 2.00 이내   ③ 1.16 이내   ④ 0.16 이내

해설

개 정 안	개정사유
실운전 시험 a) 출력 과전압 및 부족전압 보호 기능 시험 전압범위별 고장 제거시간 | 전압 범위 (기준전압에 대한 비율 %) | 고장 제거 시간(초) | |---|---| | V < 50 | 0.16 이내 | | 50 ≤ V < 88 | 2.00 이내 | | 110 < V < 120 | 1.00 이내 | | V ≥ 120 | 0.16 이내 |	전기설비의 계통연계시 접속설비는 한전계통선로에 동작되어야 하므로 한전규격인 "분산형전원 배전계통 연계 기술기준"에 따라 고장제거시간을 일치.

98. 중대형 태양광발전용 인버터의 <u>자동 기동, 정지시험</u>의 판정기준으로 되어 있는 내용은?

① 기동, 정지 절차가 설정된 방법대로 동작할 것.
② 채터링은 5회 이내일 것.
③ 최대 전력 추종 효율이 95% 이상일 것.
④ 인버터가 직류입력 전격의 급속한 변화에 추종하여 정상적으로 동작할 것.

해설 ③ 최대 전력 추종 시험 판정기준이다.   ④ 입력전력 급변 시험 판정기준이다.

정답 96. ③   97. ①   98. ①

99. 피뢰소자중 어레스터선정방법의 설명으로 틀린 것은?

① 접속함에서는 회사의 카탈로그에서 최대허용전압 또는 정격전압 란에 기재되어 있는 전압이 어레스터를 설치하려고 하는 단자간의 최대 전압 이상에서 가까운 전압의 형식을 선정한다.
② 어레스터는 회로에서 절대 탈착이 불가한 구조가 좋다.
③ 어레스터 1,000A(8/20 μs)에서 제한전압이 2,000V 이하인 것을 선정한다.
④ 유기된 파형은 8/20 μs 정도 되고, 이 이상의 길이를 가진 에너지의 큰 파형도 있기 때문에 어레스터의 방전내압 의 방전전류은 최저 4kA 이상이 필요한데 여유를 두어 20kA 정도로 선정한다.

해설 [어레스터 선정방법]
① 접속함에서는 회사의 카탈로그에서 최대허용전압 (연속해서 사용할 수 있는 전압의 최대치) 또는 정격전압 란에 기재되어 있는 전압이 어레스터를 설치하려고 하는 단자간의 최대 전압 이상에서 가까운 전압의 형식을 선정한다. 분전반에서는 회사 카탈로그의 정격전압 란에 기재되어 있는 전압 또는 제조회사가 권장하는 전압의 형식을 선정한다.
② 어레스터 1,000A(8/20 μs)에서 제한전압(서지전류가 흘렀을 때 서지전압이 제한된 어레스터 양 단자 간에 잔류하는 전압)이 2,000V 이하인 것을 선정한다.
또한 태양전지 어레이의 임펄스 내전압은 4,500V로서 어레스터의 접지선의 길이에 따라 서지 임피던스(뇌전류가 흘렀을 때의 임피던스)의 상승분을 고려하여 제한전압을 2,000V 이하로 한다. 접지선은 가능한 한 짧게 배선할 필요가 있다.
③ 유기된 파형은 8/20 μs 정도 되고, 이 이상의 길이를 가진 에너지의 큰 파형도 있기 때문에 어레스터의 방전내압(서지내량)(실질상의 장애를 일으키는 일 없이 5분간격으로 2회 흘려보낼 수 있는 소정 파형(8/20 μs 또는 4/10 μs)의 방전전류 파고치의 최대한도를 말한다)은 최저 4kA 이상이 필요한데 여유를 두어 20kA 정도로 선정한다.
④ 어레스터는 회로에서 쉽게 탈착이 가능한 구조가 좋다. 이는 절연저항 측정시 작업성의 향상에 도움이 된다.
⑤ 어레스터(ZnO : 산화 아연계)는 뇌전류에 의해 열화하면 최악의 경우 단락상태가 되므로 열화 했을 때 자동적으로 회로에서 분리하는 기능을 가진 제품을 선정하면 보수점검이 용이하다.

100. 우선 조립된 모듈 연결 케이블이 없는 모듈의 주의사항이 <u>아닌</u> 것은?

① 연결 부위의 약 16mm 절연.
② 메탈 슬리브가 없는 스프링 클램프 단자를 견고하게 연결.
③ 너무 팽팽하지 않게 정확하게 방수 케이블을 끼워야 한다.
④ 모듈 접속함에 케이블을 넣기 전에 공간없이 밀착하여야 한다.

해설 ④ 모듈 접속함에 케이블을 넣기 전에 여유를 둔다.

정답 99. ② 100. ④

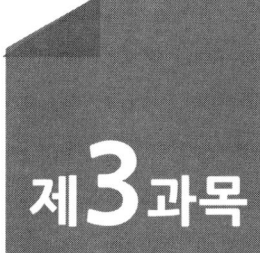

태양광발전시스템 시공
[예상문제]

제3과목 태양광발전시스템 시공 – 예상 문제

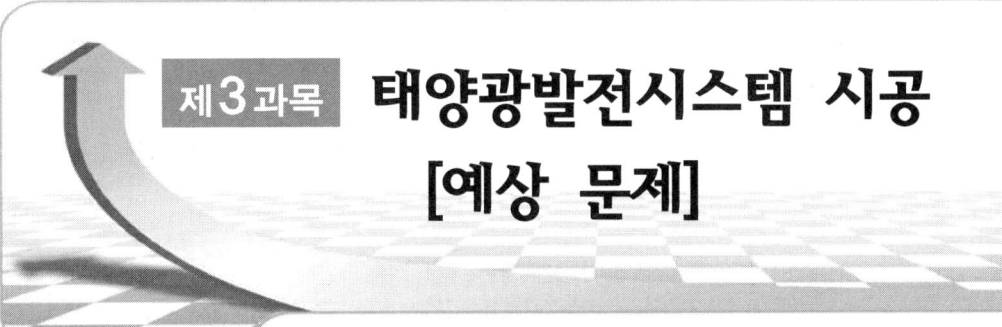

1. **태양광발전시스템 중 태양광모듈의 절연내력검사 시 기술기준 내용으로 옳은 것은?**
   ① 최대 사용전압의 1배의 직류전압, 또는 1배의 교류전압을 충전부분과 대지사이에 5분간 가하여 견뎌야 한다.
   ② 최대 사용전압의 1배의 직류전압, 또는 1.5배의 교류전압을 충전부분과 대지사이에 10분간 가하여 견뎌야 한다.
   ③ 최대 사용전압의 1.5배의 직류전압, 또는 1배의 교류전압을 충전부분과 대지사이에 10분간 가하여 견뎌야 한다.
   ④ 최대 사용전압의 1.5배의 직류전압, 또는 1.5배의 교류전압을 충전부분과 대지사이에 5분간 가하여 견뎌야 한다.

   해설 태양광 발전설비의 점검지침 (한국전기안전공사)
   ○ 태양전지 모듈의 절연내력
   – 태양전지 모듈은 최대사용전압의 1.5배의 직류전압 또는 1배의 교류전압(500V 미만으로 되는 경우에는 500V)을 충전부분과 대지사이에 연속하여 10분간 가하여 절연내력을 시험하였을 때에 이에 견디는 것이어야 한다.

2. **전력계통에서 3권선 변압기(Y-Y-△)를 사용하는 주된 원인은?**
   ① 승압용   ② 노이즈 제거   ③ 제3고조파 제거   ④ 2가지 용량 사용

   해설 Y-Y-△결선의 용도 = 3권선 변압기
   – 3고조파Delta내 환류(제거)
   – 조상 설비 설치
   – 소 내 전력 공급용으로 쓰인다.

정답 1. ③ 2. ③

3. 접지공사 시 접지극의 매설 깊이는 지하 몇 cm 이상으로 매설하여야 하는가?
① 30 ② 60 ③ 75 ④ 120

해설 접지극이 얕으면 지표면의 전위경도 여하에 따라 감전사고가 발생할 수 있으므로 접지극의 지중매설 깊이는 최저 75(Cm)로 하고 접지선을 철주 등의 금속체에 연결하여 시공할 때에는 접지극 부근의 전위상승을 고려하여 철주 등에서 1(m)이상 떼어 매설.

4. 태양광발전시스템에 적용하는 피뢰방식이 아닌 것은?
① 돌침 방식 ② 케이지 방식
③ 구조체 방식 ④ 수평도체 방식

해설 일반적으로 피뢰방식은 돌침방식, 수평도체방식(독립가공지선 또는 용마루 위 도체 방식) 및 케이지 방식 세 종류로 구분된다.

5. 태양전지 어레이의 구조물 설치 시 지반상태에 따른 해결책이 아닌 것은?
① 연약층이 깊을 경우 독립기초로 한다.
② 지반의 허용지지력이 부족할 경우 저판 폭을 증가시키거나 지반을 치환한다.
③ 배면토의 강도정수가 부족할 경우 저판 폭을 증가시키거나 사면경사도를 완화한다.
④ 지반의 지하수위가 높을 경우 지지력저하로 침하가 발생할 수 있으므로 배수공을 설치한다.

해설 독립기초는 기둥사이 거리가 멀고, 지내력이 비교적 양호한 경우에 적용.

6. 전력기술관리법 시행령 및 시행규칙의 감리원 업무 범위가 아닌 것은?
① 현장 조사 및 분석 ② 공사 단계별 기성확인
③ 입찰참가자 자격심사 기준 작성 ④ 현장 시공상태의 평가 및 기술지도

해설 전력기술관리법 시행규칙
제22조(감리원의 업무 등) ① 영 제23조제1항제14호에서 "산업통상자원부령으로 정하는 사항"이란 다음 각 호의 업무를 말한다.
1. 현장 조사·분석
2. 공사 단계별 기성(旣成) 확인
3. 행정지원업무
4. 현장 시공상태의 평가 및 기술지도
5. 공사감리업무에 관련되는 각종 일지 작성 및 부대 업무

정답 3. ③ 4. ③ 5. ① 6. ③

제3과목 태양광발전시스템 시공 - 예상 문제

7. 태양광 설치후 현장시험의 세부내용에 해당하는 시험은?

(1) 변압기, 인버터 및 전기기기
(2) 보호장치 및 경보회로의 동작시험

① 전기적 특성시험 ② 절연내력 시험
③ 접지저항 측정 ④ 절연저항 측정

해설 그 외 전열내력시험에는 고압, 저압 차단기의 시퀀스 및 동작유무 확인을 해야한다.

8. 설계 감리원이 설계업자로부터 착수신고서를 제출받아 적정성 여부를 검토하여 보고하여야 하는 것은?

① 근무상황부 ② 예정공정표
③ 설계감리일지 ④ 설계감리기록부

해설 설계감리업무 수행지침
제8조(설계용역의 관리) 설계감리원은 설계용역 착수 및 수행단계에서 다음 각 항의 설계감리 업무를 수행하여야 한다.
* 설계감리원은 설계업자로부터 착수신고서를 제출받아 다음 각 호의 사항에 대한 적정성 여부를 검토하여 보고하여야 한다.
  1. 예정공정표.
  2. 과업수행계획 등 그 밖에 필요한 사항.

9. 특고압 계통에서 분산형 전원의 연계로 인한 계통 투입, 탈락 및 출력 변동 빈도가 1일 4회 초과, 1시간에 2회 이하이면 순시 전압변동률은 몇%를 초과하지 않아야 하는가?

① 3 ② 4 ③ 5 ④ 6

해설

순시전압변동률 허용기준	
변동빈도	순시전압 변동률
1시간에 2회 초과 10외 이하	3 %
1일4회초과 1시간에 2회 이하	4 %
1일에 4회 이하	5 %

정답 7. ② 8. ② 9. ②

10. 태양광발전시스템 공사 중 태양전지 어레이의 절연저항 측정에 필요한 시험 기자재로 가장 거리가 먼 것은?

① 온도계
② 습도계
③ 계전기
④ 절연저항계

해설 절연저항은 기온이나 습도에 영향을 받으니 당시의 기온, 온도 등도 측정값과 함께 기록해 둔다. 우천시나 비가 갠 직후의 절연저항 측정은 피하는 것이 좋다.
* 시험기자재 : 절연저항계 (메가), 온도계, 습도계, 단락용 개폐기

11. 역률[(力率)Power factor]에 대한 설명으로 맞지 않는 것은?

① 역률이 큰 경우 : 역률이 크다는 것은 유효전력이 피상전력에 근접하는 것으로 부하측(수용가측)에서 보면 같은 용량의 전기기기를 최대한 유효 하게 이용 하는 것을 의미한다.
② 역률이 개선됨으로써 부하전류가 감소하게 되어 같은 설비로도 설비 용량의 여유가 생기게 된다. 즉 설비용량을 더 늘리지 않고도 부하의 증설이 가능해 진다.
③ 역률제어 : 역율 검출회로의 측정값과 초기 설정 치와 비교하여 콘덴서 투입제어
④ 페란티 효과는 송전선의 길이가 작을수록 또 단위 길이당의 정전 용량이 클수록 현저하게 나타난다.

해설 – 페란티 효과는 송전선의 길이가 길수록 (L 클수록) 또 단위 길이당의 정전 용량이 클수록 현저하게 나타난다.

12. 역률에 대한 대책 및 해결책(전력계통에서의 대책)으로 맞지 않는 것은?

① 콘덴서, 분로리액터, 동기조상기를 사용하여 무효전력을 일정 범위로 유지한다.
② 적정전압유지, 전력손실 경감 등을 도모해야 한다.
③ 분로리액터는 케이블이나 초고압 계통의 선로의 정전용량에 의한 진상 무효전력 또는 경부하시 일반 수용가로 부터의 진상 무효전력 과잉으로 인한 전압 상승 방지용이다.
④ 부하용량이 급변하는 수전 설비 에서는 경부하시 앞선 전류에 의한 과 보상으로 문제점이 발생하여 콘덴서의 제어가 필요하게 된다.

정답 10. ③ 11. ④ 12. ④

해설 대책 및 해결책
1) 전력계통에서의 대책
   ① 콘덴서, 분로리액터, 동기조상기를 사용하여 무효전력을 일정 범위로 유지하여 적정전압유지, 전력손실 경감 등을 도모해야 한다.
   ② 분로리액터는 케이블이나 초고압 계통의 선로의 정전용량에 의한 진상 무효전력 또는 경부하시 일반 수용가로 부터의 진상 무효전력 과잉으로 인한 전압 상승 방지용이다.
2) 수전설비의 대책 - 콘덴서 자동제어의 종류와 선택 부하가 급변하는 수전설비의 제어대책이 필요하다. 즉 부하용량이 급변하는 수전 설비 에서는 경부하시 앞선 전류에 의한 과 보상으로 문제점이 발생하여 콘덴서의 제어가 필요하게 된다.

13. 모듈 음영의 대책이 아닌 것은?

① 셀의 재료가 손상되는 한계까지 가열되어 열점(Hot spot)을 만들고 이 때 오염된 모듈의 셀을 통해 역전류가 순간적으로 흐른다.
② 태양전지 모듈 1장이 36셀로 구성된 경우 18개셀 마다 바이패스 다이오드를 설치한다.
③ 바이패스 다이오드를 설치하면 역 전압에 의해 흐르는 역 전류는 바이패스 다이오드를 통해서 오염된 셀을 우회하게 된다.
④ 태양전지를 가로지르는 역 바이어스 방향의 전압을 생성하지 않는다.

해설
- 음영의 대책 :
  ① 태양전지 모듈 1장이 36셀로 구성된 경우 18개셀 마다 바이패스 다이오드를 설치한다.
  ② 바이패스 다이오드를 설치하면 역 전압에 의해 흐르는 역 전류는 바이패스 다이오드를 통해서 오염된 셀을 우회한다.
  ③ 태양전지를 가로지르는 역 바이어스 방향의 전압을 생성하지 않는다.
- 음영의 영향 :
  ① 오염이 생긴 셀은 전기적으로 부하가 되어 역전류 방향의 전류를 소비한다.
  ② 셀의 재료가 손상되는 한계까지 가열되어 열점(Hot spot)을 만들고 이 때 오염된 모듈의 셀을 통해 역전류가 순간적으로 흐른다.

14. 태양광발전시스템 설계.계획의 흐름도 순서가 맞는 것은?

① 도입 ⇨ 용도·부하의상정 ⇨ 시스템형식 시스템구성의 선정 ⇨ 설치장소.설치방식의 선정 ⇨ 태양전지에레이 설계 ⇨ 주변장치의 선정 ⇨ 설치비용의 계산.
② 도입 ⇨ 시스템형식 시스템구성의 선정 ⇨ 용도·부하의상정 ⇨ 설치장소.설치방식의 선정 ⇨ 태양전지에레이 설계 ⇨ 주변장치의 선정 ⇨ 설치비용의 계산.

정답 13. ① 14. ①

③ 도입 ⇨ 용도·부하의상정 ⇨ 시설치장소.설치방식의 선정 ⇨ 시스템형식 시스템구성의 선정 ⇨ 태양전지에레이 설계 ⇨ 주변장치의 선정 ⇨ 설치비용의 계산.
④ 도입 ⇨ 용도·부하의상정 ⇨ 시스템형식 시스템구성의 선정 ⇨ 설치장소.설치방식의 선정 ⇨ 주변장치의 선정 ⇨ 태양전지에레이 설계 ⇨ 설치비용의 계산.

해설 [태양광발전시스템 설계·계획의 흐름도]

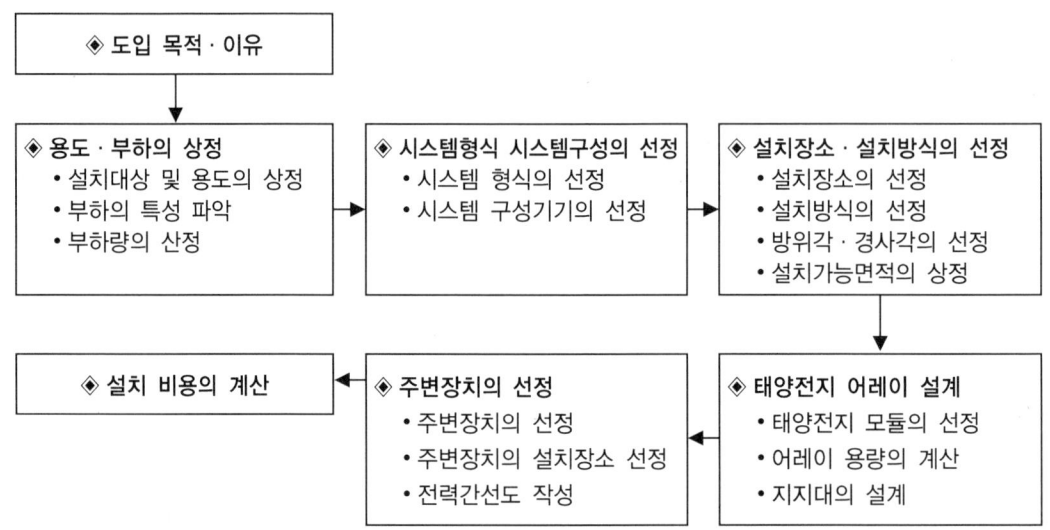

15. 전기설비기술기준중 과전류 차단기에 대한 내용으로 틀린 것은?

① 과전류 차단기는 기계기구 및 전선을 보호하기 위해 시설한다.
② 저압용퓨즈 : 정격전류 1.1 배에서는 견디어야 한다.
③ 배선용차단기 : 정격전류의 1 배에 견디어야 한다.
④ 고압용포장퓨즈 : 정격전율의1.25배에 견디고, 2배의 전류로 2분안에 용단되어야 한다.

해설 과전류 차단기
- 기계기구 및 전선을 보호하기 위해 시설한다.
- 저압용퓨즈 : 정격전류 1.1 배에서는 견디어야 한다.
- 배선용차단기 : 정격전류의 1 배에 견디어야 한다.
- 고압용퓨즈
  가. 포장퓨즈 : 정격전율의 1.3배에 견디고, 2배의 전류로 120분안에 용단되어야 한다.
  나. 비포장퓨즈 : 정격전류의 1.25배에 견디고, 2배의 전류로 2분안에 용단되어야 한다.

정답 15. ④

16. 피뢰기를 설치해야 하는 장소가 아닌 곳은?

① 변전소의 가공전선 인입구 및 인출구.
② 고압 및 특고압 가공전선로로부터 공급을 받는 수용장소의 인입구.
③ 가공전선로에 접속한 1차측 전압이 25[kV]이하인 배전용 변압기의 고압측.
④ 발전기

해설 – 피뢰기를 설치해야 하는 장소.
  ○ 발전기, 변전소의 가공전선 인입구 및 인출구.
  ○ 고압 및 특고압 가공전선로로부터 공급을 받는 수용장소의 인입구.
  ○ 가공전선로에 접속한 1차측 전압이 35[kV]이하인 배전용 변압기의 고압측 및 특고압측.

17. IEC 분류에 따른 접지계통 분류중 TN(Terra-Neutral)의 접지방식에 대한 설명으로 틀린 것은?

① TN-S은 계통 전체에 대해 보호도체를 분리시킨다.
② TN 전력계통은 한 점을 직접 접지하고 설비의 노출 도전성 부분을 보호도체를 이용하여 그 점으로 접속시킨다.
③ TN 계통은 중성선 및 보호도체의 조치에 따라 분류한다.
④ TN-C-S전력계통은 한 점을 직접 접지하고 설비의 노출 도전성 부분을 전력계통의 접지극과 전기적으로 독립한 접지극으로 접속시킨다.

해설 [표] IEC 분류에 따른 접지계통 분류

접지방식		비 고
TN (Terra-Neutral)		·TN 전력계통은 한 점을 직접 접지하고 설비의 노출 도전성 부분을 보호도체를 이용하여 그 점으로 접속시킨다. ·TN 계통은 중성선 및 보호도체의 조치에 따라 분류한다.
	TN-S	·계통 전체에 대해 보호도체를 분리시킨다.
	TN-C	·계통 전체에 대해 중성선과 보호도체의 기능을 동일 도체로 겸용한다.
	TN-C-S	·계통의 일부분에서 중성선과 보호도체의 기능을 동일 도체로 겸용한다.
TT (Terra-Terra)		·TT 전력계통은 한 점을 직접 접지하고 설비의 노출 도전성 부분을 전력계통의 접지극과 전기적으로 독립한 접지극으로 접속시킨다.
	TT (중성선 무)	
	TT (중성선 유)	

정답 16. ③ 17. ④

I T (Insert-Terra)		·IT 전력계통은 충전부 전체를 대지로부터 절연시키거나 점을 임피던스를 삽입하여 대지에 접속시키고 전기설비의 노출 도전성 부분을 단독 혹은 일괄로 접지시키거나 또는 계통의 접지로 접속시킨다.
	I T (중성선 무)	
	I T (중성선 유)	
	I T (고임피던스 접지)	

18. 누전에 따른 감전등 위험을 방지하기 위하여 모든 기계 및 기구는 접지공사를 하여야한다. 태양광설비(어레이)가 출력500V이상일 때 몇종 접지공사를 하여야 하는가?

① 제1종 접지공사　　　　　　　② 제2종 접지공사
③ 제3종 접지공사　　　　　　　④ 특별 제3종 접지공사

해설 [기계기구의 철대, 금속제외함 및 금속프레임 등의 접지]
기계기구의 철대, 금속제외함 및 금속프레임 등은 표에 따라 접지공사를 시행하여야 한다. 다만, 다음 각호에 해당하는 경우에는 그러하지 아니하다.

〈표 기계기구의 구분에 따른 접지공사의 적용〉

기계기구의 구분	접지 공사
400V 미만의 저압용	제3종 접지공사
400V 이상의 저압용	특별 제3종 접지공사
고압용 또는 특별고압용	제1종 접지공사

19. 접지공사에는 제1종 접지공사, 제2종 접지공사, 제3종 접지공사 및 특별 제3종 접지공사의 4종류가 있으며, 각 접지공사에서의 접지저항치는 아래표 값을 유지하여야 한다. 빈칸은 몇Ω 인가?

〈표 접지공사의 종류와 그 접지저항치〉

접지공사의 종류	접지 저 항 치
제1종 접지공사	10Ω 이하
제2종 접지공사	변압기의 고압측 또는 특별 고압측전로의 1선지락전류의 암페어수로 150을 나눈 값과 같은 Ω의 수 이하
제3종 접지공사	100Ω 이하
특별제3종접지공사	(　　　)Ω 이하

① 1Ω　　　　② 10Ω　　　　③ 100Ω　　　　④ 20Ω

정답 18. ④　19. ②

해설 〈표 접지공사의 종류와 그 접지저항치〉

접지공사의 종류	접 지 저 항 치
제1종 접지공사	10Ω 이하
제2종 접지공사	변압기의 고압측 또는 특별 고압측전로의 1선지락전류의 암페어수로 150(변압기의 고압측 전로 또는 사용전압이 35,000V 이하의 특별고압측 전로가 저압측 전로와 혼촉(混觸)에 의하여 대지전압이 150V를 초과하는 경우로서 1초를 넘고 2초 이내에 자동적으로 고압전로 또는 사용전압이 35,000V이하의 특별고압전로를 차단하는 장치를 한 경우에는 300.1초 이내에 자동적으로 고압전로 또는 사용전압이 35,000V 이하의 특별고압전로를 차단하는 장치를 한 경우에는 600)을 나눈 값과 같은 Ω의 수 이하
제3종 접지공사	100Ω 이하
특별제3종접지공사	10Ω 이하

20. 누전에 따른 감전등 위험을 방지하기위하여 모든 기계 및 기구는 접지공사를 해야 하지만 소규모 주택의 태양광설비는 접지공사를 생략해도 된다. 아래 내용중 빈칸의 내용이 맞는 것은?

- 사용전압이 직류 (Ⓐ)V 또는 교류 대지전압 (Ⓑ)V 이하의 회로에 사용되는 기기를 건조한 장소에 시설하는 경우

① Ⓐ 300V　Ⓑ 150V
② Ⓐ 350V　Ⓑ 100V
③ Ⓐ 200V　Ⓑ 50V
④ Ⓐ 300V　Ⓑ 100V

해설 – 사용전압이 직류 300V 또는 교류 대지전압 150V 이하의 회로에 사용되는 기기를 건조한 장소에 시설하는 경우.

21. 다음 태양전지의 설치장소를 지붕위로 가대를 설치할때 설계 유의사항이 아닌 것은?

① 지붕은, 태양전지를 설치한 경우에 예상된 부하에 견딜 수 있는 강도를 가질 수 있을 것.
② 태양전지는 풍압력을 고려해야 한다.
③ 처마끝, 용마루에는 설치하지 않을 것.
④ 가장자리는 견고하게 보강설치 하여야한다.

정답　20. ①　21. ④

해설 [가대의 설치설계]
설치설계상의 유의사항
- 태양전지의 설치장소를 지붕위로 하는 경우, 다음점에 유의하는 것이 필요하다.
  a. 지붕은, 태양전지를 설치한 경우에 예상된 부하에 견딜 수 있는 강도를 가질 수 있을 것
  b. 태양전지는 풍압력을 고려하고, 처마끝, 가장자리, 용마루에는 설치하지 않을 것.

22. 태양광 발전 시스템(PV시스템)을 설치하기 위한 순서도가 맞는 것은?

① 현지조사 ⇨ 설계 ⇨ 계약 ⇨ 시공 ⇨ 완성
② 현지조사 ⇨ 계약 ⇨ 설계 ⇨ 시공 ⇨ 완성
③ 가설계 ⇨ 현지조사 ⇨ 계약 ⇨ 시공 ⇨ 완성
④ 현지조사 ⇨ 가설계 ⇨ 계약 ⇨ 시공 ⇨ 완성

해설 [설계부터 시공까지의 흐름]
태양광 발전 시스템(PV시스템)을 설치하기 위해서는, 우선 최초에 설치장소에 대하여 조사를 충분히 한 후, 그 결과로서 먼저 설계한다. 설계자와 설치업자가 몇 번이나 이야기하여 일치한 경우로서 최종적인 설계를 확정한다. 설계도를 토대로 시공하여, 태양광발전시스템을 완성한다.

23. 태양전지가대를 설치하기 위한 방식이다. 아래 방식은 어떤 방식의 내용인가?

> 기본적으로는 종래의 일본기와 슬페이트기와 등의 위에 태양전지모듈설치용 가대를 고정하기 위해, 사전에 지붕재료, 야지판, 서까래 등에 고정하여서, 이것에 가대를 고정하는 방식이다.

① 긴결용 고정선 방식 ② 지지금구 방식
③ 지붕재료형 ④ 건재일체형

해설 • 지지금구 방식의 시공 순서
지지금구 방식은, 기본적으로는 종래의 일본기와 슬페이트기와 등의 위에 태양전지모듈설치용 가대를 고정하기 위해, 사전에 지붕재료, 야지판, 서까래 등에 지지금구를 고정하여서, 이것에 가대를 고정하는 방식이다.

24. 태양전지의 설치방법이다. 아래 방식은 어떤 방식의 내용인가?

> 1. 지붕 건재로하여 사용한다.
> 2. 건물과 일체로 된 것을 사용하여 서까래 등에 고정한다.

① 지붕설치형 ② 지반일체형 ③ 지붕일체형 ④ 건재일체형

정답 22. ① 23. ② 24. ③

해설 〈태양전지의 지붕에로의 설치 방법〉

설치방식	고정방식	개 요
지붕설치형	지지금구방식	지붕재료, 야지판, 야지판밑의 서까래 등에 지지금구를 고정하고, 가대를 볼트로 지지 고정한다.
	긴결용 고정선 방식	지붕 기와위의 가대에 얹어서 그것을 다수의 기둥에 와이어등의 고정선으로 지붕주위 집안, 기둥 서까래 등에 고정한다.
지붕일체형	지붕재료로서 고정	지붕건재로하여 사용한다. 건물과 일체로 된 것을 사용하여 서까래 등에 고정한다.
건재일체형	지붕덮개 재료로서 지붕을 덮는 방식	슬레이트 등과 같은 모양의 형상을 하고 있는 지붕덮개 재료로서 사용한다.

25. 자가용발전설비중 단독운전 방지회로의 방식에서 수동적 방식운전 중 3차고조파 전압 기울기 급증 검출방식의 특징을 고른다면?

① 인버터의 내부발신기에서 주파수 바이어스를 주었을 때 단독운전시에 나타나는 주파수변동을 검출한다.
② 인버터출력과 병렬로 임피던스를 순시적 또한 주기적으로 투입하는 전압, 그리고 전류의 급변을 검출한다.
③ 부하로 되는 변압기의 편성으로 인해 오동작의 확률이 비교적 높다.
④ 단독운전 이행시에 위상변화가 발생하지 않는 경우에는 검출이 되지 않는다.

해설 ① 능동적 방식 : 주파수 쉬프트 방식
② 능동적 방식 : 유효전력 변동방식
④ 수동적 방식 : 주파수변화율 검출방식

26. 태양전지 어레이용 가대 설계시 고려대상 하중이 아닌 것은?

① 적설하중   ② 활하중   ③ 사하중   ④ 풍하중

해설 - 설계 상정하중

구 분		내 용
수직하중	고정하중	어레이 + 프레임 + 서포트하중
	적설하중	경사계수 및 눈의 단위 질량 고려
	활하중	건축물 및 공작물을 점유 사용함으로써 발생하는 하중
수평하중	풍하중	어레이에 가한 풍압과 지지물에 가한 풍압의 합 풍력계수, 환경계수, 용도계수 등을 고려
	지진하중	지지층의 전단력 계수 고려

정답 25. ③ 26. ③

- 사하중 [dead load, 死荷重]
  교량 자체의 중량에 의한 하중으로, 일정 불변이며 이동이 없고 항상 만재되어 있는 것. 사하중은 구성하고 있는 재료의 단위 중량으로부터 산출할 수 있다. 철도교에서는 부재 응력 중에서 사하중이 차지하는 비중이 비교적 작으나 도로교에서는 부재 응력중 사하중 응력이 차지하는 비중이 크기 때문에 사하중의 산출에는 신중을 기할 필요가 있다. 또 각종 재료의 단위 하중은 각 시방서 등에 규정되어 있다.

27. 태양전지 종류중 결정질계의 종류가 아닌 것은?

① 단결정   ② 구상Si   ③ GaAs   ④ 비정질

해설 [태양전지의 종류 및 특성]

	소 재		생산량 비율	변환효율 (R&D : 상용)	주요 특징
결정질계	Si	단결정	43%	24.3% : 22%	- 고효율가능 - 대규모발전야사용
		다결정	46%	18.0% : 17%	- 저급원료사용-저가생산 - 주택용시스템사용
		구상Si	'07양산화	9.3%(집광)	- Si 사용량 1/5~1/7 절감 - 박형, 경량화, Flexible
	화합물	GaAs	<1%	36.7% : 34%	- 고효율, 인공위성 전원등의 특수목적용
박막계	Si	비정질	<5%	12.5% : 10%	- Si 사용량절감 - 박형, 경량화, Flexible
	화합물	CuInSe₂ CdTe	<3%	19% : 14%	- 박막Si에 비교적 고효율 - 박형, 경량화, Flexible - 향후시장주도가능 - 인공위성용으로 R&D활발
	유기	Dye, Organic	R&D	Dye 11% Organic 5%	- 저가

28. 태양광 인버터 기능이 아닌 것은?

① 자동운전 기능

② 최대전력 추종제어 기능

③ 단독운전 방지기능

④ 자동전압 조정기능

정답 27. ④ 28. ①

> **해설** [태양광 인버터 기능]
> – 자동운전 정지기능   – 최대전력 추종제어 기능   – 단독운전 방지기능   – 자동전압 조정기능
> – 직류검출기능   – 직류 지락 검출 장치   – 계통연계 보호장치

29. 아래 태양광 인버터 기능중 올바른 용어는?

> 태양전지의 출력은 일사강도와 태양전지 표면온도에 따라 변동한다.
> 이들의 변동에 따라서 태양전지의 동작점이 최대출력을 내도록 하는 것.

① 최대 출력추종제어(Maximum Power Point Tracking)
② 전력용량(watts)
③ 정현파 인버터(Pure Sine Wave Inverter)
④ 효율곡선

> **해설**
> – 전력용량(watts)
>   지속 공칭능력 제한적인 지속 공칭능력 서지 용량(모터 시동시/펌프)
>   확장성 (모듈식 확장성.)
> – 정현파 인버터(Pure Sine Wave Inverter)
>   출력파형이 계통(한국전력)에서 일반 가정에 공급되는 전기의 파형을 정현파라고 부르며 이 파형의 전기는 가정에서 사용하는 교류 전기제품을 모두 사용할 수 있습니다. 독립형 태양광발전 시스템이나 측정기기, 의료기기, 통신기기, 음향기기, 형광등, 컴퓨터 등 고가 정밀기기의 사용에는 정현파 인버터를 선택하여야 합니다.
> – 인버터 자체의 전력소모를 감안할 때 인버터 용량에 비해 작은 부하를 연결했을 때 효율은 보다 낮게 나온다. 주택에서 부하가 아주 작은 시간(예를 들어 낮 시간대)이 많다. 이 때의 효율은 50%혹은 그 이하일 수 있다.
>   인버터 제작업체는 부하대비 효율성을 표시하는 그래프를 제품 매뉴얼에 제시한다. 이것을 **효율곡선**이라고 한다.

30. 태양광 인버터 기능중 단독운전 방지기능으로 되어 있는 설명은?

① 전압 및 주파수계전기로서는 계통측의 정전상태를 감지해 낼 수 없기 때문에 계속해서 태양광 발전시스템으로부터 계통측으로 전력을 공급할 가능성이 있다.
② 계통연계 운전시 역조류 운전을 수행할 경우, 수전점(연계점)의 전압이 상승하여 전력회사의 전압적정운전범위를 벗어나게 할 가능성이 있다.
③ 계통과 인버터에 이상이 있을 때 안전하게 분리하거나 인버터를 정지시키는 기능이다.
④ 태양전지출력전력을 계측하고 변동 전 후의 값을 비교하여 전력을 최대로 하는 방향으로 인버터의 직류 전압을 변화시킨다.

정답 29. ①   30. ①

해설 ① 자동전압 조정기능
  PV시스템이 계통에 접속하여 역송전 운전을 하는 경우 자동전압 조정기능을 설치하여 전압의 상승을 방지하고 있다.
② 직류검출기능
  계통과 인버터에 이상이 있을 때 안전하게 분리하거나 인버터를 정지시키는 기능이다.
  계통연계운전시 역조류운전을 수행할 경우, 수전점(연계점)의 전압이 상승하여 전력회사의 전압적정운전범위를 벗어나게 할 가능성이 있다. 방지대책으로서 자동전압조정기능을 가지게 하여 전압의 상승을 억제할 필요가 있다.
  제어방법에는 진상무효전력제어와 출력제어의 두 가지 방식이 고려될 수 있다.
③ 최대전력 추종제어 기능
  태양전지의 출력은 일사강도와 태양전지 표면온도에 따라 변동한다. 이들의 변동에 따라서 태양전지의 동작점이 최대출력을 내도록 하는 것을 최대 출력추종제어(Maximum Power Point Tracking)라고 한다. 인버터의 직류동작전압을 일정 시간간격으로 약간 변동시켜 그 때의 태양전지 출력전력을 계측하고 변동 전 후의 값을 비교하여 전력을 최대로 하는 방향으로 인버터의 직류 전압을 변화시킨다.

31. 아래 태양광 인버터 기능 설명의 정의는?

> 1. 항상 인버터에 변동요인을 인위적으로 주어서 연계운전 시에는 그 변동요인이 출력에 나타나지 않고, 단독운전시에는 이상이 나타나도록 하여 그것을 감지하여 인버터를 정지시키는 방식.
> 2. 검출시한은 0.5초~1초 정도이다.

① 단독운전상태의 수동적 방식 ② 단독운전상태의 능동적 방식
③ 제3고조파 검출방식 ④ 주파수변화율 검출방식

해설 – 단독 운전상태에서는 전압계전기(OVR, UVR), 주파수계전기(OFR, UFR)로는 보호 불가능하므로 단독운전상태를 검지하여 인버터를 안전하게 정지시킬 대책을 갖추어야 한다.
  – 수동적 방식과 능동적방식의 두가지 방식이 제안되어 있다.
  수동적방식이란, 연계운전에서 단독운전으로 이행시의 전압파형 및 위상 등의 변화를 감지하여 인버터를 정지시키는 방식
  수동적 방식에는 전압위상도약검출방식, 제3고조파검출방식, 주파수변화율검출방식이 있으며, 검출시한은 0.5초 이내 유지시간은 5초~10초 정도이다.
  능동적 방식이란, 항상 인버터에 변동요인을 인위적으로 주어서 연계운전 시에는 그 변동요인이 출력에 나타나지 않고, 단독운전시에는 이상이 나타나도록 하여 그것을 감지하여 인버터를 정지시키는 방식을 말한다.
  능동적 방식에는 주파수 쉬프트방식, 유효전력변동방식, 무효전력변동방식, 부하변동방식 등이 있다. 검출시한은 0.5초~1초 정도이다.

정답 31. ②

32. 태양광 인버터의 계통연계 보호장치에 관한 설명이다. 틀린 것을 고르면?

① 분산형전원이 없는 수용가구내의 지락/단락사고에 따라 전력계통으로부터 유입하는 고장전류는 분산형전원과 관련이 있다.
② 분산형전원의 고장 또는 계통의 사고시, 사고의 신속한 제거와 사고범위의 국한화 등을 목적으로 설치하는 보호장치이다.
③ 소출력의 인버터의 경우에는 내장되어 있지만, 경우에 따라서는 별도로 설치되어 있는 경우도 고려될 수 있다.
④ 역조류가 있는 저압연계의 경우에는, 과전압계전기(OVR), 부족전압계전기(UVR), 주파수 상승계전기(OFR), 주파수저하계전기(UFR)의 설치가 필수적이다.

해설 [계통연계 보호장치]
- 계통연계보호장치는 분산형전원의 고장 또는 계통의 사고시, 사고의 신속한 제거와 사고 범위의 국한화 등을 목적으로 설치하는 보호장치이다.
- 분산형전원이 없는 수용가구내의 지락/단락사고에 따라 전력계통으로부터 유입하는 고장전류는 분산형전원의 유무에 관계없이 발생하므로, 이에 대한 보호장치는 기존의 수용가에 설치되어 있다는 점을 고려해서, 계통연계보호장치에 이를 포함 또는 제외할 수도 있다.
- 일반적으로 소출력의 인버터의 경우에는 내장되어 있지만, 경우에 따라서는 별도로 설치되어 있는 경우도 고려될 수 있다. 역조류가 있는 저압연계의 경우에는, 과전압계전기(OVR), 부족전압계전기(UVR), 주파수상승계전기(OFR), 주파수저하계전기(UFR)의 설치가 필수적이다.
- 또한 계통측 및 내부의 지락 및 단락사고시의 경우 대비하여 과전류요소의 누전차단기로서 대체할 수 있다. 그리고 단독운전방지대책의 연계보호장치도 별도로 구성하여야 할 필요가 있으며, 이는 인버터내장형의 타입도 고려될 수 있다.

33. 태양광 인버터의 보호장치에 관한 설명이다. 맞는 것을 고르면?

> 만일의 사고시 태양광발전장치로부터 계통측으로 직류가 유출될 수 있는 가능성을 막기 위하여 인버터의 출력과 계통측사이에 설치하도록 해야 한다. 이것은 일반적으로 인버터에 내장되어 있는 경우가 대부분이다. 이는 인버터의 회로방식, 즉 상용주파변압기절연방식, 고주파변압기절연방식, 트랜스리스(무변압기)방식에 의해 구분될 수 있다.

① 계통연계 보호장치
② 절연변압기
③ 내부 보호장치
④ 직류 지락 검출 장치

정답 32. ① 33. ②

> **해설** ① 계통연계 보호장치
>   계통연계보호장치는 분산형전원의 고장 또는 계통의 사고시, 사고의 신속한 제거와 사고 범위의 국한화 등을 목적으로 설치하는 보호장치이다. 분산형전원이 없는 수용가구내의 지락/단락 사고에 따라 전력계통으로부터 유입하는 고장전류는 분산형전원의 유무에 관계 없이 발생하므로, 이에 대한 보호장치는 기존의 수용가에 설치되어 있다는 점을 고려해서, 계통연계보호장치에 이를 포함 또는 제외할 수도 있다.
>   ② 내부 보호장치(인버터를 설치 및 사용함에 있어서 고려할 사항): 과부하 및 서지 보호기능, 저전압 차단 기능.
>   - 태양광 인버터의 기능.
>   ① 자동운전 정지기능.   ② 최대전력 추종제어기능.
>   ③ 단독운전 방지기능.   ④ 자동전압 조정기능.
>   ⑤ 직류 검출기능.   ⑥ 직류 지락 검출기능.

34. 태양광설비 시스템 시공시 누전 차단기를 설치하여야 한다. 규정에 의한 누전 차단기 설치 장소가 아닌 것은?

① 제 3종, 특 3 종 접지공사의 접지 저항치가 3[Ω]이하.
② 절연 변압기 시설(2차 300[V]이하 용량 3[kVA]이하).
③ 저.고 전로에서 비상용 조명장치, 비상용 승강기, 유도등, 철도용 신호장치.
④ 기계기구를 고무합성수지 절연물로 피복된 것.

> **해설** [누전경보기 설치]
>   - 저.고 전로에서 비상용 조명장치, 비상용 승강기,유도등, 철도용 신호장치, 정지 가공안전 확보에 지장을 초래할 우려가 있는 기계기구.

35. 경사 지붕형 태양광 발전시스템의 시공내용으로 틀린 것은?

① 현재 가장 싼 것은 내용연수를 고려해서 스테인리스스틸을 사용하는 것이 바람직하다.
② 지지철물의 재료는 장시간 옥외사용에 견대는 재료를 사용할 필요가 있으며, 용융아연 도금 강재, 스테인리스재 등을 사용하는 것이 바람직하다.
③ 직접 구조물을 지붕 경사면에 설치할 경우에는 방수 등에 유의해야 한다.
④ 지붕의 하중을 적절히 분산하지 못하므로 풍하중, 고정하중, 지진하중, 적설하중 등을 고려하여 최적의 간격을 이룰 수 있도록 한다.

> **해설** - 현재 가장 싼 것은 내용연수를 고려해서 강제용융 아연도금 이며 스테인리스스틸은 염해 등에 대해서 가장 내성이 높으나 가격이 비싸다.

정답 34. ③   35. ①

제3과목 태양광발전시스템 시공 - 예상 문제

36. 평 지붕형 태양광 발전시스템의 시공내용으로 틀린 것은?

① 기초 패드와 기초용 앙카를 설치하고 기초 패드의 양생 후 본 공사를 시작한다.
② 신축건물의 설치는 콘크리트 기초를 옥상슬래브에 일체적으로 치올려서 사전에 타입된 앵커 볼트에 가대 철골을 설치할 수 있다.
③ 대형의 경우 풍하중 및 각종 하중을 고려하여 되도록 키가 작은 가대 등이 바람직하다.
④ 기존 건물에서는 특별한 경우를 제외하고 방수층을 파손해서 옥상 슬래브에서 기초를 치올리는 것은 어렵다.

해설 대형의 경우 키가 높은 가대 등이 바람직하다. 단, 통상의 규모라면 시공의 간이성이나 경제성에서 방수층의 보호 콘크리트 위해 기초 콘크리트를 설치하는 것도 일반적이며 기초 콘크리트에는 사전에 앵커볼트를 타입해 드는 것이 안전성에 유리하다.

37. 경사 지붕형과 평지붕형 태양광 발전시스템의 시공차이 설명으로 틀린 것은?

① 경사 지붕형은 경사지붕에 모듈을 설치하는 경우 윗면 고정방식으로 한정된다.
② 평지붕의 경우 모듈 뒷면의 작업 공간이 확보되면 뒷면 공정방식도 가능하다.
③ 경사지붕형과 같이 클램프와 T-BAR를 이용하거나 볼트로 직접 모듈의 프레임과 구조물을 고정한다.
④ 경사 지붕형 위에서의 구조물 설치는 지붕강도의 제약과 난간 그늘에 의한 제약을 고려할 필요가 있다.

해설 - 경사지붕에 모듈을 설치하는 경우 윗면 고정방식으로 한정되지만, 평지붕의 경우 모듈 뒷면의 작업 공간이 확보되면 뒷면 공정방식도 가능하며 경사지붕형과 같이 클램프와 T-BAR를 이용하거나 볼트로 직접 모듈의 프레임과 구조물을 고정한다.
평지붕 위에서의 구조물 설치는 지붕강도의 제약과 난간 그늘에 의한 제약을 고려할 필요가 있으며 지붕강도의 제약에 대해서는 어레이 자중과 어레이의 외부하중과 지붕면 강도를 비교하고, 지붕면 강도가 높은 경우에는 어레이 배치가 자유로워진다. 반대로 지붕 강도가 낮은 경우에는 어레이의 중량을 받을 수 있는 구조체 위에 힘이 가해지도록 어레이를 충분하게 지지해 주는 구조물을 배치할 필요가 있다.

38. 지상용 태양광 발전시스템의 기초공사 설명으로 틀린 것은?

① 태양전지 어레이 기초데 작용하는 하중으로서 첫째로 고려되는 것은 풍하중이다.
② 독립기초의 경우 지지층이 얕은 경우에 주로 많이 사용된다.
③ 말뚝기초는 이와는 반대로 지지층이 깊은 경우 많이 사용되는 방식이다.
④ 기초는 주위에 바람을 방해하는 것이 없고 단단한 지반에 설치하는 것이 가장 좋다.

정답 36. ③ 37. ④ 38. ④

해설 – 태양전지 어레이 기초대 작용하는 하중으로서 첫째로 고려되는 것은 풍하중이다. 또 어레이 자체도 바람을 받는 면적이 큰 구조물이므로 강풍이 불면 미끄러 진다거나 전도되는 등의 경우도 고려해야 한다. 강풍이 발생했을 경우 등을 대비해서 태양전지 어레이용 기초의 안전검토를 하여야 한다.

– 지상에 태양광 발전시스템을 설치하는 경우 구조물의 기초에는 여러 기초 형태의 적용이 가능하다. 독립기초의 경우 지지층이 얕은 경우에 주로 많이 사용되며 말뚝기초는 이와는 반대로 지지층이 깊은 경우 많이 사용되는 방식이다.
<u>어레이는 주위에 바람을 방해하는 것이 없고 단단한 지반에 설치하는 것이 가장 좋으며 이 경우 독립기초의 채용이 가능하다.</u>

39. 지상용 태양광 발전시스템의 기초공사 설명이 <u>아닌</u> 것은?

① 직접기초 중에는 형식의 차이에 의해 독립푸팅 기초와 복합푸팅 기초가 있다.
② 독립푸팅 기초란 도로표지 등의 기초에 잘 사용되고 있는 블록기초
③ 복합푸팅 기초는 2본 혹은 그 이상의 기둥에서의 응력을 단일 기초로 지지하는 것이다.
④ 태양광 시스템 설치 시 시스템의 규모에 따라 기초의 개수가 결정되며 고정식 시스템의 경우 일반적으로 하나의 어레이에 1개의 기초가 필요하게 된다.

해설 – 직접기초 중에는 형식의 차이에 의해 독립푸팅 기초와 복합푸팅 기초가 있으며 독립푸팅 기초란 도로표지 등의 기초에 잘 사용되고 있는 블록기초이며 복합푸팅 기초는 2본 혹은 그 이상의 기둥에서의 응력을 단일 기초로 지지하는 것이다.

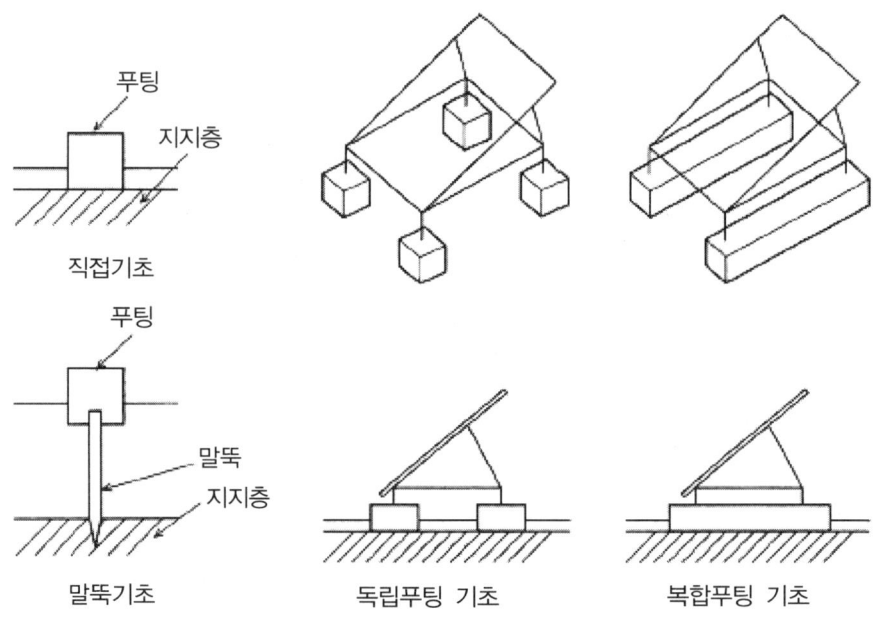

[지상 설치 태양광 시스템의 기초 형식]

정답 39. ④

– 태양광 시스템 설치 시 시스템의 규모에 따라 기초의 개수가 결정되며 고정식 시스템의 경우 일반적으로 하나의 어레이에 2~8개 가량의 기초가 필요하게 된다.

40. 지상용 태양광 발전시스템의 기초공사 풍하중에 대한 설명이다. ( )의 내용으로 맞는 것은?

> – 풍하중의 경우 지역과 위치 등에 따라서 기준 풍속에 차이가 나게 되므로 이를 고려하여 구조검토를 하여야 할 것이며 국내의 경우 ( )의 기준 풍속으로 설계하는 것이 일반적이다.

① 10~20 ㎧ ② 20~30 ㎧ ③ 30~40 ㎧ ④ 40~60 ㎧

해설 – 풍하중의 경우 지역과 위치 등에 따라서 기준 풍속에 차이가 나게 되므로 이를 고려하여 구조검토를 하여야 할 것이며 국내의 경우 30~40 m/s 의 기준 풍속으로 설계하는 것이 일반적이다. 상세설계가 필요한 경우 구조검토 사무소에 의뢰 및 전문서를 참고하여야 할 것이며 지지대를 줄이게 되면 공사비용이 감소할 수는 있으나 태풍 등 시스템에 많은 하중이 가해질 경우 위험할 수 있으므로 최대한 구조검토 한 결과에 맞게 시공해야 할 것이다.

41. 기초 구조물방식에 적용할 수 있는 하중에서 "하부에서 들어올리는 힘"의 정의는?

① 자체 하중 ② 적설 하중 ③ 풍속 하중 ④ 활 하중

해설 – 구조물방식에 적용할 수 있는 하중은 다음과 같다.
1. 자체 하중 : 구조물 철 무게, 모듈 무게
2. 적설 하중 : 구조물 상부에 쌓이게 되는 눈의 양(년간 적설량 적용)
3. 풍속 하중 : 평균, 최대 풍속에 의한 부압(하부에서 들어올리는 힘)

– 활하중 [live load, 活荷重]
건축물의 내부에 상치(常置)하는 가구나 기타 자재도구 비품과 인간의 중량의 합계를 말한다. 건축물에 부하되는 하중은 건축물 자체의 중량에 따른 고정하중, 바람·눈·지진 등의 외력에 의한 하중, 활하중의 3가지로 대별된다. 활하중의 경우 사람에 의한 중량은 장소나 때에 따라 변화하지만 물건과 같이 취급한다. 건축물이나 방의 용도에 따라 하중은 다르지만, 일반적으로는 1㎡당 주택에서 180㎏이고 사무실에서 300㎏이다.

42. 태양광 발전설비 전기공사 순서로 맞는 것은?

① 태양전지 모듈간의 배선연결 ➡ 접속함 기초공사 및 설치 ➡ 접속함 접지 및 어레이와 접속함 배선연결 ➡ 파워컨디셔너의 옥내 기초공사 및 설치 ➡ 접속함과 파워컨디셔너까지의 배선연결 ➡ 옥외배선 연결 및 분전반과 접속점 계통 연계.

정답 40. ③ 41. ③ 42. ①

② 접속함 기초공사 및 설치 ➡ 태양전지 모듈간의 배선연결 ➡ 접속함 접지 및 어레이와 접속함 배선연결 ➡ 파워컨디셔너의 옥내 기초공사 및 설치 ➡ 접속함과 파워컨디셔너까지의 배선연결 ➡ 옥외배선 연결 및 분전반과 접속점 계통 연계.

③ 접속함 접지 및 어레이와 접속함 배선연결 ➡ 접속함 기초공사 및 설치 ➡ 태양전지 모듈간의 배선연결 ➡ 파워컨디셔너의 옥내 기초공사 및 설치 ➡ 접속함과 파워컨디셔너까지의 배선연결 ➡ 옥외배선 연결 및 분전반과 접속점 계통 연계.

④ 태양전지 모듈간의 배선연결 ➡ 접속함과 파워컨디셔너까지의 배선연결 ➡ 접속함 접지 및 어레이와 접속함 배선연결 ➡ 파워컨디셔너의 옥내 기초공사 및 설치 ➡ 접속함 기초공사 및 설치 ➡ 옥외배선 연결 및 분전반과 접속점 계통 연계.

해설 – 전기공사는 크게 옥내공사와 옥외공사로 나눌 수 있는데 아래와 같은 순서로 공사가 진행 된다.

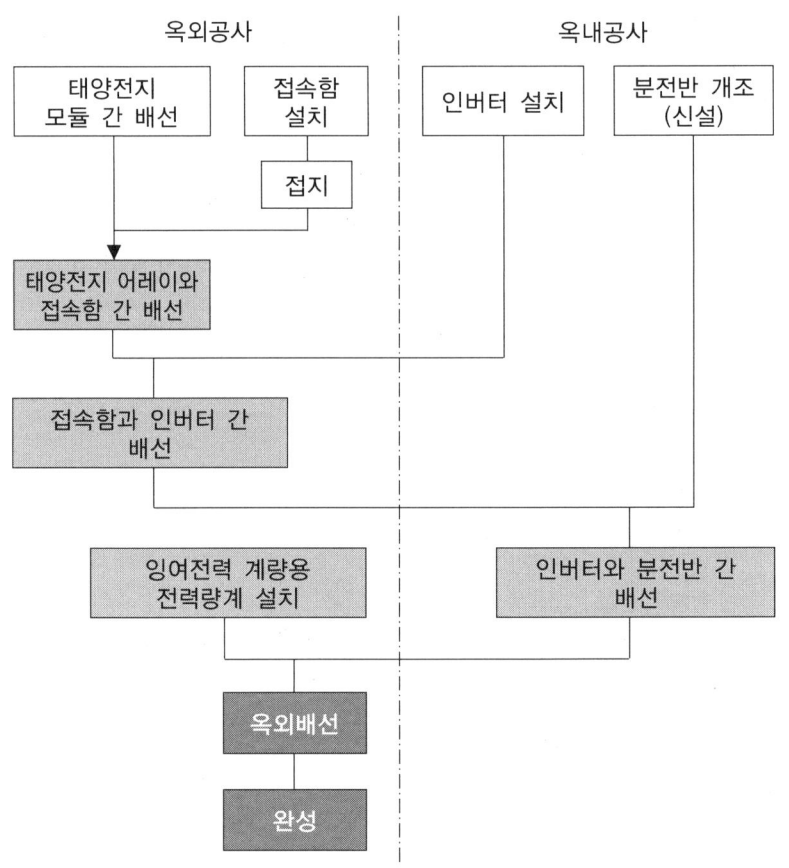

43. 태양광 발전설비전기 공사의 옥측 또는 옥외에 시설할 경우 공사 종류가 아닌 것은?

① 합성수지관 공사
② 금속관공사
③ 케이블공사
④ 단자함 전기공사

해설 – 기계기구의 구조상 그 내부에 안전하게 시설할 수 있을 경우를 제외하면 모든 전선은 다음과 같이 시설해야 한다.
1) 옥내에 시설할 경우에는 합성수지관공사, 금속관공사, 가요전선관공사 또는 케이블공사로 전기설비기술기준의 판단기준 규정으로 시설해야 한다.
2) 옥측 또는 옥외에 시설할 경우에는 합성수지관공사, 금속관공사, 가요전선관공사 또는 케이블공사로 전기설비기술기준의 판단기준 규정에 따라 시설해야 한다.

44. 태양광 발전설비전기 공사의 케이블 접속방법 및 부품 설치에 대한 내용으로 어긋나는 것은?

① 태양전지 모듈의 프레임은 강철구조 재질을 사용하여 밀봉 처리되어 빗물 침입을 방지하는 구조이어야 하며 부착할 경우에는 흔들림이 없도록 고정되어야 한다.
② 태양전지 모듈 결선 시에 접속 배선함 구멍에 맞추어 압착단자를 사용하여 견고하게 전선을 연결한다.
③ 모선의 접속부분은 조임의 경우 지정된 재료, 부품을 정확히 사용한다.
④ 접속배선함 연결부위는 방수용 커넥터를 사용한다.

해설 [케이블 접속방법 및 부품 설치]
– 태양전지 모듈의 프레임은 냉각 압연강판 또는 알루미늄 재질을 사용하여 밀봉처리되어 빗물 침입을 방지하는 구조이어야 하며 부착할 경우에는 흔들림이 없도록 고정되어야 한다.
– 태양전지 모듈 결선 시에 접속 배선함 구멍에 맞추어 압착단자를 사용하여 견고하게 전선을 연결해야 하며 접속배선함 연결부위는 방수용 커넥터를 사용한다. 모선의 접속부분은 조임의 경우 지정된 재료, 부품을 정확히 사용 한다.

45. 태양광 발전설비전기 공사의 모선의 접속부분은 조임의 경우 지정된 재료, 부품을 정확히 사용 하여야 한다. 유의점에 대한 내용으로 어긋나는 것은?

① 볼트의 크기에 맞는 토크렌치를 사용하여 규정된 힘으로 조여준다.
② 2개 이상의 볼트를 사용하는 경우 한쪽만 심하게 조이지 않도록 주의한다.
③ 케이블의 단말처리의 경우 전선의 피복을 벗겨내어 전선을 상호 접속하는 경우 접속부의 절연물과 다른 재료로 반드시 접속해야 한다.

정답 43. ④ 44. ① 45. ③

④ 토크렌치의 힘이 부족할 경우에는 사고가 일어날 위험이 있으므로, 토크렌치에 의해 규정된 힘이 가해졌는지 확인할 필요가 있다.

해설 [모선의 접속부분 유의점]
1) 볼트의 크기에 맞는 토크렌치를 사용하여 규정된 힘으로 조여준다.
2) 조임은 너트를 돌려서 조여 준다.
3) 2개 이상의 볼트를 사용하는 경우 한쪽만 심하게 조이지 않도록 주의한다.
4) 토크렌치의 힘이 부족할 경우 또는 조임작업을 하지 않은 경우에는 사고가 일어날 위험이 있으므로, 토크렌치에 의해 규정된 힘이 가해졌는지 확인할 필요가 있다. 케이블의 단말처리의 경우 전선의 피복을 벗겨내어 전선을 상호 접속하는 경우 접속부의 절연물과 동등 이상의 절연효과가 있는 재료로 접속해야 한다.

46. 모선 볼트의 크기에 따른 힘에 따른 표(A,B)에 들어간 내용은?

볼트의 크기	M6	M8	M10	M12	M16
힘(kg/cm^2)	A	120	240	B	850

① A = 50 B = 400
② A = 70 B = 300
③ A = 60 B = 350
④ A = 70 B = 450

해설 - 모선 볼트의 크기에 따른 힘 적용.

볼트의 크기	M6	M8	M10	M12	M16
힘(kg/cm^2)	50	120	240	400	850

47. 태양광 발전설비전기공사의 간선공사등 주의사항에 대한 설명으로 어긋나는 것은?

① PV 배열은 외부에 설치된다. 이러한 이유로 외부 설치 사양은 사용되는 구성품(모듈 접속함, PV 결합기 등)을 잘 관찰하여야 한다.
② 전기 공사중에는 접촉 차단 콘넥터가 없이 모듈의 빛이 차단되도록 한다. 즉 두꺼운 비닐로 모듈을 덮는다.
③ DC 전류량은 일사량에 비례한다. 다시 말하면 공칭 전압은 저 광속일 때에도 나타나므로 주의하여야 한다.
④ PV 배열은 단락 전류가 공칭 전류값보다 약15% 많은 전류원이다. 이는 보호설비 설계시에 고려하여야 한다.

정답 46. ① 47. ②

해설 – DC 설치에서의 주의 사항 –
  ○ 모듈은 설치하면 발전하게 된다. 스위치를 끌 수 없다. 낮 동안에는 PV 모듈은 전 공칭 전압을 송출한다. 그래서 전기 공사중에는 접촉 차단 콘넥터가 없이 모듈의 빛이 차단되도록 한다. 즉 <u>검은 천으로 모듈을 덮는다.</u>

48. 아래는 태양전지 모듈 및 String 배선에 대한 내용이다. 빈칸의 알맞는 말은?

> – 태양전지 모듈을 포함한 모든 전기적인 부분은 노출되지 않도록 시설해야 한다. 또한, 태양전지 모듈의 배선은 바람에 흔들리지 않도록 케이블타이, 스테이플, 스트랩 또는 행거나 이와 유사한 부속으로 (Ⓐ)cm 이내의 간격으로 단단히 고정하여 가장 많이 늘어진 부분이 모듈 면으로부터 (Ⓑ)cm 내에 들도록 하고, 태양전지 모듈의 출력 배선은 군별·극성별로 확인할 수 있도록 표시해야 한다.

① A = 100 B = 10
② A = 110 B = 20
③ A = 120 B = 30
④ A = 130 B = 30

해설 [태양전지 모듈 및 String 배선]
 – 태양전지 모듈을 포함한 모든 전기적인 부분은 노출되지 않도록 시설해야 한다. 또한, 태양전지 모듈의 배선은 바람에 흔들리지 않도록 케이블타이, 스테이플, 스트랩 또는 행거나 이와 유사한 부속으로 <u>130 cm</u> 이내의 간격으로 단단히 고정하여 가장 많이 늘어진 부분이 모듈 면으로부터 <u>30cm</u> 내에 들도록 하고, 태양전지 모듈의 출력 배선은 군별·극성별로 확인할 수 있도록 표시해야 한다.

49. 태양광 발전설비모듈 상호간 연결 시 주의 사항에 대한 설명으로 어긋나는 것은?

① 태양전지 셀의 각 직렬군은 동일한 단락전류를 가진 모듈로 구성해야 하며 1대의 인버터에 연결된 태양전지 셀 직렬군이 2병렬 이상일 경우에는 각 직렬군의 출력전압을 각각 배열해야 한다.
② 1대의 인버터에 연결된 태양전지 셀 직렬군이 2병렬 이상일 경우에는 각 직렬군의 출력전압이 동일하게 형성되도록 배열해야 한다.
③ 태양전지 모듈 간의 배선은 단락전류에 충분히 견딜 수 있도록 2.5 ㎟ 이상의 전선을 사용해야 한다.
④ 케이블이나 전선은 모듈 이면에 설치된 전선관에 설치되거나 가지런히 배열 및 고정되어야 한다.

정답 48. ④ 49. ①

필기 완전정복 핵심 500문제 해설

해설 [모듈 상호간 연결 시 주의 사항]
1) 태양전지 셀의 각 직렬군은 동일한 단락전류를 가진 모듈로 구성해야 하며 1대의 인버터에 연결된 태양전지 셀 직렬군이 2병렬 이상일 경우에는 각 직렬군의 출력전압이 동일하게 형성되도록 배열해야 한다.
2) 태양전지 모듈 간의 배선은 단락전류에 충분히 견딜 수 있도록 2.5 mm² 이상의 전선을 사용해야 한다.
3) 케이블이나 전선은 모듈 이면에 설치된 전선관에 설치되거나 가지런히 배열 및 고정되어야 한다.

50. 태양광 발전설비모듈 상호간 연결 시 주의 사항에 대한 설명으로 어긋나는 것은?

① 케이블이나 전선은 모듈 이면에 설치된 전선관에 설치되거나 가지런히 배열 및 고정되어야 하며, 이들의 최소 굴곡반경은 각 지름의 6배 이상이 되도록 한다.
② 전력 오차(5% 이상)가 큰 모듈은 MPP 전류가 비슷한 모듈이 같은 스트링에 연결되도록 확인하여 설치 전에 모듈 각각에 대하여 공장출하시 시험성적서를 참고하거나 측정할 것을 권장한다.
③ 모듈을 함께 연결하기 위해서 단상 접촉 방지 플러그가 달린 연결 케이블을 가진 모듈 형태가 빨리 그리고 쉽게 서로 연결할 수 있다.
④ 야간에 모듈이 전력을 생산함에 유의한다. 부하시에는 플러그를 빼서는 안된다. 설치한 후 뺄 필요가 있으면 인버터를 끄고 DC 차단기를 트립한다. 플러그를 개방 전압상태에서는 빼야한다.

해설 [모듈 상호간 연결 시 주의 사항]
- 케이블이나 전선은 모듈 이면에 설치된 전선관에 설치되거나 가지런히 배열 및 고정되어야 하며, 이들의 최소 굴곡반경은 각 지름의 6배 이상이 되도록 한다.
- 전력 오차(5% 이상)가 큰 모듈은 MPP 전류가 비슷한 모듈이 같은 스트링에 연결되도록 확인하여 설치 전에 모듈 각각에 대하여 공장출하시 시험 성적서를 참고하거나 측정할 것을 권장한다. 이것은 미스매칭에 의한 손실을 피하기 위해서이다. 같은 행태의 모듈은 같은 시스템에 사용되어야 한다.
- 모듈을 함께 연결하기 위해서 단상 접촉 방지 플러그가 달린 연결 케이블을 가진 모듈 형태가 빨리 그리고 쉽게 서로 연결할 수 있다.
- 모듈을 서로 연결할 때는 케이블 극성에 주의하고 PV 배열 접속함도 마찬가지 이다. 극성이 바뀌면 바이패스 다이오드나 인버터의 입력부가 손상된다.
- 주간에 모듈이 전력을 생산함에 유의한다. 부하시에는 플러그를 빼서는 안된다. 설치한 후 뺄 필요가 있으면 인버터를 끄고 DC 차단기를 트립한다. 플러그를 개방 전압상태에서는 뺄 수는 없다.

정답 50. ④

51. 건물에 태양광 시스템을 적용한 경우의 스트링 케이블 연결공사시 주의 사항에 대한 내용이 <u>아닌</u> 것은?

① 스트링 케이블은 지붕의 내부에 부착하고, 온도 절연 및 바깥쪽으로 중앙에 정의한 내증기 격벽을 통한 보호 전선관에 포설한다.
② 보호 전선관은 개구부 및 밖으로 미끄러지지 않도록 한 고정부분을 통해서 먼저 삽입한다.
③ 보호전선관을 통한 케이블 포설은 최대의 안전성과 케이블의 수명을 확보할 수 있다.
④ 보호전선관은 내UV 특성을 가져야 하며 내부에만 사용하여야 한다.

해설 [건물에 태양광 시스템을 적용한 경우의 스트링 케이블 연결]
1) 스트링 케이블은 지붕의 내부에 부착하고, 온도 절연 및 바깥쪽으로 중앙에 정의한 내증기 격벽을 통한 보호 전선관에 포설한다. 케이블 포설은 지붕의 증기 격벽 또는 온도 절연을 거슬러서는 안된다. 여기서 케이블 포설은 단락이나 접지 공장이 일어나지 않도록 하여야 한다.
2) 보호 전선관은 개구부 및 밖으로 미끄러지지 않도록 한 고정부분을 통해서 먼저 삽입한다. 그 후 케이블을 길게 포설하는 데, 예를 들면 케이블을 롤상태로 사용하는 것이 좋다. 전선관을 통해서 미리 보고 전선관과 케이블을 동시에 설치하는 것도 가능하다.
보호전선관을 통한 케이블 포설은 최대의 안전성과 케이블의 수명을 확보할 수 있다. 보호 전선관은 방습층으로 시트가 겹치는 점에서 삽입하여야 한다. 이는 설치한 후 쉽게 봉인할 수 있다. <u>보호전선관은 내 UV 특성을 가져야 하며 외부에 사용하는 데 지장이 없어야 한다.</u>

52. 태양전지 모듈 및 접속함과 인버터 간의 배선공사에 대한 내용이 <u>아닌</u> 것은?

① 케이블 유형은 DC 전원 케이블오도 사용된다.
② 케이블 재료는 할로겐화 플라스틱이 일반적으로 사용되며 환경문제를 고려하여 무할로겐 제품이 채택되어야 한다.
③ 낙뢰의 위험에 노출된 PV 설치물의 경우 차폐된 케이블을 사용해야 하며 DC전원 케이블의 모든 극을 영 전위로 전환할 수 있어야 한다.
④ 건물내에서의 스트링 배선의 경우 건물 외벽 루트를 따라 DC 주 차단기 및 스위치를 건물 내부로부터 포설한다.

해설 [태양전지 모듈 및 접속함과 인버터 간의 배선]
– <u>건물내에서의 스트링 배선의 경우 가장 가까운 루트를 따라 DC 주 차단기 및 스위치를 건물 내부로 포설한다.</u> 여기서 주의할 것은 케이블 포설할 때, 접지 고장이나 단락이 생기지 않도록 설치하여야 한다.
이 배선은 직류가 흐르고 다른 건물용 전선과 함께 지나가므로 특별히 표시해 둔다.

정답 51. ④ 52. ④

53. 인버터와 분전함 간의 배선공사에 대한 내용이 아닌 것은?

① 인버터 출력의 전기방식으로는 단상2선식, 3상3선식 등이 있고 직류측 의 중심선을 구별하여 결선한다.

② 단상3선식의 계통에 단상2선식 220 V를 접속하는 경우 부하 불평형에 의해 중성선에 최대전류가 발생할 우려가 있을 경우에는 수전점에 3극 과전류 차단소자를 갖는 차단기를 설치한다.

③ 단상3선식의 계통에 단상2선식 220 V를 접속하는 경우 수전점 차단기를 개방한 경우 등, 부하 불평형으로 인한 과전압이 발생할 경우 인버터가 정지되어야 한다.

④ 3상 인버터의 경우 저전압 계통과의 연결에 5가닥 케이블이 사용되며 단상 인버터의 경우 3가닥 케이블이 사용된다.

해설 [인버터와 분전함 간의 배선]
- 인버터 출력의 전기방식으로는 단상2선식, 3상3선식 등이 있고 <u>교류측의 중심선</u>을 구별하여 결선한다. 단상3선식의 계통에 단상2선식 220 V를 접속하는 경우는 전기설비 기술기준 의 판단기준에 따르고 다음과 같이 시설한다.
  1) 부하 불평형에 의해 중성선에 최대전류가 발생할 우려가 있을 경우에는 수전점에 3극 과전류 차단소자를 갖는 차단기를 설치한다.
  2) 수전점 차단기를 개방한 경우 등, 부하 불평형으로 인한 과전압이 발생할 경우 인버터가 정지되어야 한다.
  3) 분전함과 AC 연결 케이블의 연결에 있어 AC 연결 케이블은 인버터와 보호장치를 통해 전력계통과 연결한다.
  4) 3상 인버터의 경우 저전압 계통과의 연결에 5가닥 케이블이 사용되며 단상 인버터의 경우 3가닥 케이블이 사용된다.

54. 태양광 설비 시스템 시공시 태양전지판에서 인버터입력단간 및 인버터출력단과 계통연계점간의 전압강하는 각 (　　)%를 초과하여서는 아니된다. (　　)안의 내용으로 맞는 것은?

① 1%　　② 2%　　③ 3%　　④ 4%

해설 [전압강하]
- 태양전지판에서 인버터입력단간 및 인버터출력단과 계통연계점간의 전압강하는 각 3%를 초과하여서는 아니된다. 단, 전선길이가 60m를 초과할 경우에는 아래표에 따라 시공할 수 있다. 전압강하 계산서 (또는 측정치)를 설치확인 신청시에 제출하여야 한다.

정답 53. ①　54. ③

전선길이	전압강하
120m 이하	5%
200m 이하	6%
200m 초과	7%

55. 태양광 발전설비 등 감리원의 주업무가 아닌 것은?

① 유지관리 지침서 작성 제출
② 인수인계 계획 수립
③ 공사감독
④ 시운전 계획 및 실시

해설 - 감리원 주업무 : 유지관리 지침서 작성 제출, 인수인계 계획 수립, 준공도면 확인 지도감독, 시운전 계획 및 실시, 공사 감리, 용역완료보고.

56. 태양광 발전설비공사에 대한 업무를 설명한 것이다. (   )안의 내용은?

> (   )은 기성검사 과정에 입회하도록 하고, 준공 검사과정에는 소속 직원을 입회시켜 준공검사자가 계약서, 설계설명서, 설계도서 등 관계 서류에 따라 준공검사를 실시하는지 여부를 확인하여야 하며, 필요시 완공 된 시설물 인수기관 또는 유지관리기관의 직원에게 검사에 입회·확인할 수 있도록 조치 하여야 한다.

① 감리업자   ② 발주자   ③ 공사감독자   ④ 관할 구청장

57. 기초 콘크리트공사시 콘크리트 배합비는 소요의 강도, 워커빌리티, 균일성 내구성을 얻을 수 있도록 배합 설계함을 원칙으로 정하되 배합설계가 불가능한 경우에는 골재의 최대치수에 의한 표준품셈의 용적배합비 얼마를 적용하여야 하나?

① 1 : 2 : 4   ② 1 : 1 : 2
③ 1 : 3 : 6   ④ 1 : 2 : 3

해설 [기초공 : 콘크리트공사]
- 콘크리트 배합비는 소요의 강도, 워커빌리티, 균일성 내구성을 얻을 수 있도록 배합 설계함을 원칙으로 정하되 배합설계가 불가능한 경우에는 골재의 최대치수에 의한 표준품셈의 용적배합(1:2:4)을 적용하되 현장 여건에 따라 배합을 조정할 수 있다.

정답 55. ③ 56. ② 57. ①

필기 완전정복 핵심 500문제 해설

58. 우리나라에서 분산형 전원 계통연계기준에서 저압계통의 상시 전압변동(10분 평균값)의 허용범위는?
    ① ± 5%   ② ± 10%   ③ ± 15%   ④ ± 3%

59. 태양광 발전설비 구조물을 설계하는 경우의 하중조합이 아닌 것은?
    ① 고정하중   ② 풍하중   ③ 지진하중   ④ 온도하중

    해설 - 고정하중, 풍하중, 적설하중, 지진하중으로 구분한다.

60. 풍하중을 산출 하는데 사용되는 지역별 기본 풍속으로 가장 많이 사용하는 풍속은 (m/sec)?
    ① 60   ② 40   ③ 35   ④ 25

61. 전압강하에 대한 내용은 틀린 것은?
    ① 직류 및 단상 2선식   e = 35.6 * L * I / (1000 * A)
    ② 3상 3선식   e = 30.8 * L * I / (1000 * A)
    ③ 단상 3선식 및 3상4선식 e = 17.8 * L * I / (1000 * A)
    ④ 단상 3선식 및 3상4선식 e = 13.8 * L * I / (1000 * A)

    해설
    - 직류 및 단상 2선식   e = 35.6 * L * I / (1,000 * A)
    - 3상 3선식   e = 30.8 * L * I / (1,000 * A)
    - 단상 3선식 및 3상 4선식 e = 17.8 * L * I / (1,000 * A)
    여기서, e : 각 전선 및 중성성과의의 전압강하(V)
           L : 전선의 길이 (m)
           I : 전선의 전류 (A)
           A : 전선의 단면적 (mm^2)
    전압강하율(%) = 전압강하 / 송전전압(최대출력전압)

62. 계통 연계형 시스템의 구성요소가 아닌 것은?
    ① 모듈   ② 인버터   ③ 충방전 제어기   ④ 접속함

    해설 - 충방전 제어기는 독립형의 구성요소이다.

정답 58. ④   59. ④   60. ②   61. ④   62. ③

63. 태양광발전의 운전상황의 확인 방법중 틀린 것은?

① 운전중 이상한 소리 확인
② 운전중 이상한 냄새 확인
③ 운전중 이상한 진동 확인
④ 운전중 이상한 불빛 확인

해설 * 운전상황의 확인
- 소리음, 진동, 냄새의 주의
운전 중 이상한 소리와 냄새 등을 확인하고 평상시와 다른 느낌이 들 경우에는 정밀점검을 실시한다. 설치자가 점검할 수 없는 경우에는 기기 제작사 혹은 전문가에게 의뢰하여 점검을 하는 것이 바람직하다.

64. 인버터 회로의 특징으로 맞는 것은?

① 인버터의 정격전압이 300 V를 넘고 600 V 이하 경우는 100 V의 절연저항계를 이용한다.
② 인버터의 정격전압이 300 V를 넘고 600 V 이하 경우는 200 V의 절연저항계를 이용한다.
③ 인버터의 정격전압이 300 V를 넘고 600 V 이하 경우는 300 V의 절연저항계를 이용한다.
④ 인버터의 정격전압이 300 V를 넘고 600 V 이하 경우는 400 V의 절연저항계를 이용한다.

해설 (b) 인버터 회로 (절연변압기 부착)
측정기구로서 500V의 절연 저항계를 이용하고, 인버터의 정격전압이 300V를 넘고 600V이하의 경우는, 100V의 절연저항계를 이용한다.

65. 주택의 옥내전로(전기기계 기구내의 전로를 제외한다)의 대지전압은 몇 V이하 이어야 하나?

① 100   ② 200   ③ 300   ④ 400

해설 제187조 (옥내전로의 대지전압의 제한)
* 주택의 옥내전로 (전기기계 기구내의 전로를 제외한다)의 대지전압은 300V 이하 이어야 한다.

정답 63. ④ 64. ① 65. ③

66. 옥내에 시설하는 저압전선에는 나전선을 사용해서는 않되지만 시·도지사의 인가(애자사용공사)를 받은 시설공사의 경우에는 가능하다. 그 시설 공사 종류 내용이 <u>아닌 것</u>은?

① 전기로용 전선
② 전선의 피복 절연물이 부식하는 장소에 시설하는 전선
③ 취급자 이외의 자가 출입할 수 없도록 설비한 장소에 시설하는 전선
④ 저압 옥외배선의 사용전선

해설 제188조(나전선의 사용 제한)
옥내에 시설하는 저압전선에는 나전선을 사용하여서는 아니된다. 다만, 다음 각호의 1에 해당하는 경우 또는 특별한 이유에 의하여 시·도지상의 인가를 받은 경우에는 그러하지 아니하다.
1. 제201조의 규정에 준하는 애자사용공사에 의하여 전개된 곳에 다음의 전선을 시설하는 경우
 가. 전기로용 전선.
 나. 전선의 피복 절연물이 부식하는 장소에 시설하는 전선.
 다. 취급자 이외의 자가 출입할 수 없도록 설비한 장소에 시설하는 전선.

67. 애자사용공사에 의한 저압 옥내배선의 시설 기준이 <u>아닌 것</u>은?

① 전선 상호간의 간격은 6cm 이상일 것.
② 전선과 조영재 사이의 이격거리는 사용전압이 400V 미만인 경우에는 2.5cm 이상.
③ 전선의 지지점간의 거리는 전선을 조영재의 윗면 또는 옆면에 따라 붙일 경우에는 3.5m 이하일 것.
④ 사용전압이 400V 이상인 것은 제4호의 경우 이외에는 전선의 지지점간의 거리는 6m 이하일 것.

해설 제201조(애자사용 공사)
- 전선의 지지점간의 거리는 전선을 조영재의 윗면 또는 옆면에 따라 붙일 경우에는 2m 이하일 것.

68. 모듈의 고온 가습 동결 시험(humidity-freeze test)에 대한 설명으로 <u>틀리는 것</u>은?

① 열 충격 시험(thermal shock test)과는 본질적으로 다른 시험이다.
② 온도 측정/기록의 정밀도는 ±1℃ 이하이어야 한다.
③ 습도 제어의 정밀도는 ±5% 이상, 온도 제어의 정밀도는 ±2℃ 이상이다.
④ 기온이 얼음이 얼 정도의 영하(sub-zero)이다가 뒤이은 고온 다습한 환경의 영향에서 견디는 능력을 보기 위한 것.

정답 66. ④ 67. ③ 68. ②

해설 모듈의 고온 가습 동결 시험(humidity-freeze test)은 기온이 얼음이 얼 정도의 영하(sub-zero)이다가 뒤이은 고온 다습한 환경의 영향에서 견디는 능력을 보기 위한 것이며, 열 충격 시험(thermal shock test)과는 본질적으로 다른 시험이다.

시험에는 온도와 습도가 자동으로 제어되는 환경 시험상을 사용해야 한다.

습도 제어의 정밀도는 ±5% 이상, 온도 제어의 정밀도는 ±2℃ 이상, 온도 측정/기록의 정밀도는 ±1℃ 이상이어야 하고, 각 피시험 모듈 내부 회로의 연결 상태를 감시할 수 있어야 한다.

69. 태양광발전 모듈의 공칭 태양전지 동작 온도는 표준 기준 환경에서 개방형 선반식 가대(open rack)에 설치되어 있는 모듈을 구성하는 태양전지의 평균접합 온도로 측정한다. 표준기준 환경에 속하지 않는 것은?

① 경사각 ; 수평면을 기준으로 45° ② 경사면 일조 강도 ; 800W/㎡
③ 주위 기온 ; 25℃　　　　　　　　 ④ 풍속 ; 1m/s

해설 태양광발전 모듈의 공칭 태양전지 동작 온도(nominal operating cell temperature, NOCT)는 다음의 표준 기준 환경(standard reference environment, SRE)에서 개방형 선반식 가대(open rack)에 설치되어 있는 모듈을 구성하는 태양전지의 평균 접합 온도로 정의된다.
- 경사각 ; 수평면을 기준으로 45°
- 경사면 일조 강도 ; 800W/㎡
- 주위 기온 ; 20℃
- 풍속 ; 1m/s
- 전기적 부하 ; 없음(회로 개방 상태)

시스템 설계에서 NOCT는 모듈이 현장에서 동작하는 온도로 사용할 수 있으며, 여러가지 모듈 설계를 비교할 때 유용한 지표가 될 수 있다. 그러나 특정 시각의 실제 모듈 동작 온도는 설치 구조, 일조 강도, 풍속, 주위의 기온, 상공의 기온 및 지면의 반사와 지열 발산의 영향을 받는다.

70. 태양광발전 어레이에 대한 설명으로 틀린 것은?

① 지붕용 어레이(photovoltaic array for roof)는 지붕 설치형(roof mount type), 지붕 일체형(roof integrated type), 지붕재형(roof material type)이 있다.
② 외벽용 어레이(photovoltaic array for facade)는 외벽 설치형(facade mount type), 외벽재 일체형(facade integrated type), 외벽재형(facade material type)이 있다.
③ 추적식 태양광발전 어레이(tracking photovoltaic array)는 태양을 추적하는 장치를 가진 어레이.
④ 어레이 지지대(structures for photovoltaic array)는 주택지붕에 태양광발전 어레이를 설치하는 방법의 하나. 지붕재 위에 별도로 어레이 부착용 받침두리를 설치하여 어레이를 고정하는 방식. 각종 지붕재에 사용할 수 있다.

정답 69. ③　70. ④

해설 지지 받침두리 방식(support fitting type)
주택 지붕에 태양광발전 어레이를 설치하는 방법의 하나. 지붕재 위에 별도로 어레이 부착용 받침두리를 설치하여 어레이를 고정하는 방식. 각종 지붕재에 사용할 수 있다.
어레이 지지대(structures for photovoltaic array)
모듈을 지지하는 것을 목적으로 설치되는 기둥, 받침(가대)등 공작물을 통틀어 부르는 말.

71. 다음 공식은 무엇을 산출하기 위한 식인가?

$$\eta_{S,\tau} = \frac{E_{use,\tau}}{A_a \times H_\tau}$$

여기서 $\eta_{S,\tau}$; ?
$E_{use,\tau}$; 종합 시스템 출력 전력량(Wh)
A_a ; 어레이 면적(m^2)
H_τ ; 어레이면의 일조량(Wh/m^2)

① 시스템 발전 효율(system efficiency)
② 종합 시스템 효율(total system efficiency)
③ 시스템 이용률(capacity factor)
④ 어레이 기여율(fraction of total system input energy contributed by photo-voltaic array)

72. 태양광관련 용어에 대한 설명으로 틀린 것은?

① RPF(Refused Plastic Fuel) : 폐플라스틱 고형연료제품. 가연성폐기물(지정폐기물 및 감염성폐기물을 제외한다)을 선별 → 파쇄 → 건조 → 성형을 거쳐 일정량 이하의 수분을 함유한 고체상태의 연료로 제조한 것.
② RDF(Refused Derived Fuel) : 폐기물 고형연료. 종이, 나무, 플라스틱 등의 가연성 폐기물을 파쇄, 분리, 건조, 성형 등의 공정을 거쳐 제조한 고체연료.
③ 스택(Stack) : 사업장, 가정에서 발생되는 가연성 폐기물 중 에너지 함량이 높은 폐기물을 고형화 처리를 통해 생산한 재생에너지.
④ 개질기(Reformer) : 화석 연료인 천연가스, 메탄올, 석탄, 석유 등을 수소 연료로 변환시키는 장치.

정답 71. ① 72. ③

해설 폐기물 고형연료(Refuse Derived Fuel)
사업장, 가정에서 발생되는 가연성 폐기물 중 에너지 함량이 높은 폐기물을 고형화 처리를 통해 생산한 재생에너지.
스택(Stack)
원하는 전기출력을 얻기 위해 단위전지(unit cell)를 수십장, 수백장 직렬로 쌓아올린 본체.

73. 접지공사를 생략할 수 있는 경우가 아닌 것은?

① 접지선은 피접지 기계기구에 60[m] 이내의 부분과 지중 부분.
② 사용 전압이 직류 600[V]또는 교류 대지전압이 300[V] 이하의 회로에 사용되는 기기를 건조한 장소에 시설하는 경우.
③ 저압용 기계 기구에 전기를 공급하는 전로에 전기용품에 관한 법률의 적용을 받는 고속형 누전 차단기(정격차단기정류 15[mA]이하 동작 시간 0.1초 이내 또는 30[mA]이하 동작히간 0.03초 이내의 전류 동작형에 한한다.)를 시설하는 경우.
④ 철대 외함의 주위에 절연대를 설치하는 경우.

해설 제1종, 제3종, 특별 제3종 접지공사 시설방법
1. 피뢰침, 피뢰기용 접지선은 강제금속관에 넣지 말 것.
2. 접지선은 피접지 기계기구에 60[m] 이내의 부분과 지중 부분을 제외하고 금속관 합성수지관 등에 넣어 의상을 방지할 것.
3. 동접지선의 굵기가 2.6[m]를 초과할 경우에는 그 선단에 터미널러그 또는 단자금구를 부착하는 것이 좋다.

74. 지중선로 매설방법이 아닌 것은?

① 관로인입식
② 암거식
③ 직접매설식
④ 관거식

해설 1. 지중선로 매설방법
 ① 관로인입식
 ② 암거식
 ③ 직접매설식
2. 매설 깊이 ① 차량 또는 중량물의 압력을 받을 우려가 잇는 장소 ; 1.2[m] 이상.
 ② 기타의 장소 : 0.6[m] 이상.

정답 73. ① 74. ④

75. 내선규정관련 시설장소에 관한 용어설명이 틀린 것은?

① 조영재 : 조영물을 구성하는 부분을 말한다.
② 건조물 : 사람이 거주하거나 근무하거나, 빈번히 출입하거나 또는 사람이 모이는 건축물 등을 말한다.
③ 고온장소 : 주위온도가 보통 사용상태에서 30℃를 초과하는 장소를 말한다.
④ 사람이 쉽게 접촉될 우려가 있는 장소 : 옥내에서는 바닥에서 1.8m 이하, 옥외에서는 지표상 2.5m 이하인 장소를 말한다.

해설 — 사람이 쉽게 접촉될 우려가 있는 장소 : 옥내에서는 바닥에서 1.8m 이하, 옥외에서는 지표상 <u>2m</u> 이하인 장소를 말하고, 그밖에 계단의 중간, 창 등에서 손을 뻗어서 쉽게 닿을 수 있는 범위를 말한다.

76. 아래 용어설명을 가리키는 곳은?

> 옥내에 있어서 고압 또는 특고압 수전장치를 시설하는 장소를 말한다. 또한 기타의 고압 또는 특고압 배전설비를 시설하는 장소와 고압 또는 특고압 수전장치를 시설하는 장소가 인접하고 또한 이들 장소 상호간에 격리하는 조영재가 없는 경우는 이들의 장소 전체를 말한다.

① 수용장소   ② 수전실   ③ 수전반   ④ 배전반

해설 — 수용장소 : 전기사용 장소를 포함하여 전기를 사용하는 구내 전체를 말한다.
— 수전반 : 특고압 또는 고압수용가의 수전용 배전반을 말한다.
— 배전반 : 대리석판, 강판, 목판등에 개폐기, 과전류차단기, 계기등을 장비한 집합체를 말한다.

77. 발전기에는 자동적으로 이를 전로로부터 차단하는 장치를 시설하여야 한다. 그 내용이 틀린 것은?

① 발전기에 과전류가 생긴 경우.
② 용량이 500[kVA]이상인 발전기를 구동하는 수차의 압유 장치의 유압에 저하한 경우.
③ 용량이 2000[kVA]이상인 발전기의 내부에 고장이 생긴 경우.
④ 용량이 5000[kVA]이상인 발전기의 내부에 고장이 생긴 경우.

해설 — 용량이 <u>10000[kVA]</u>이상인 발전기의 내부에 고장이 생긴 경우

정답 75. ④ 76. ② 77. ④

78. 동전선의 접속과 관련하여 조인트에 대한 내용이 틀린 것은?

① 트위스트 조인트 - 2.6[mm]이하를 사용한다.
② 브리타리어 접속 - 3.2 [mm]이상을 사용한다.
③ 조인트선은 1.0[mm]또는 1.2[mm]을 사용한다.
④ 가는 단선 종단접속 - 2.2[mm]이하를 사용한다.

해설 - 가는 단선 종단접속 - 2.0[mm]이하를 사용한다.

79. 접지공사를 생략할 수 있는 경우가 아닌 것은?

① 접지극을 지하 75[cm]이상의 깊이로 매설할 경우.
② 저압용 기계기구에 전압을 공급하는 전로의 전원측에 절연변압기(2차 전압 300[V]이하 정격 용량 3[kVA]이하)를 시설하고 또는 해당전로를 접지하지 아니하였을 경우.
③ 기계기구를 건조한 목제 목주등과 같이 절연성 위에 시설, 취급하는 경우.
④ 의함이 없는 계기용 변성기가 고무 합성수지 절연물로 피복된 경우.

해설 - ①은 사람이 접촉될 우려가 잇는 장소의 제 1종 및 제2종 접지공사방법이다.
- 접지공사를 생략할 수 있는 경우.
  1. 사용 전압이 직류 600[V]또는 교류 대지전압이 300[V] 이하의 회로에 사용되는 기기를 건조한 장소에 시설하는 경우.
  2. 저압용 기계기구에 전압을 공급하는 전로의 전원측에 절연변압기(2차 전압 300[V]이하 정격용량 3[kVA]이하)를 시설하고 또는 해당전로를 접지하지 아니하였을 경우.
  3. 저압용 기계 기구에 전기를 공급하는 전로에 전기용품에 관한 법률의 적용을 받는 고속형 누전 차단기(정격차단기정류 15[mA]이하 동작 시간 0.1초 이내 또는 30[mA]이하 동작시간 0.03초 이내의 전류 동작형에 한한다.)를 시설하는 경우.
  4. 기계기구를 건조한 목제 목주등과 같이 절연성 위에 시설, 취급하는 경우.
  5. 철대 외함의 주위에 절연대를 설치하는 경우.
  6. 의함이 없는 계기용 변성기가 고무 합성수지 절연물로 피복된 경우.
  7. 그 중 절연구조의 기계기구를 시설하는 경우.

80. 전기안전에 관한 규정에서 전기시설 작업요령으로 어긋나는 것은?

① 지도감독 및 정보전달경로.
② 작업시간, 정전시간 및 위험구역의 표시.
③ 작업책임자의 지명과 그 책임내용.
④ 정전범위와 시간, 작업용 기계·기구 등의 준비상황에 대하여 전기안전관리자에 의한 확인.

정답 78. ④ 79. ① 80. ①

해설 — ①은 전기설비의 안전을 확보하기 위한 재해대책 요령이다.

81. 아래 공식을 나타내는 것은?

$$THD = \frac{\sqrt{\sum i_{ACn}^2}}{I_{AC1}} \times 100(\%)$$

여기서 i_{ACn} ; 인버터 출력 전류의 n차 고조파 전류 성분 실효값(A)
　　　n ; 고조파 차수 2~40차로 한다.
　　　I_{AC1} ; 인버터 출력 전류의 기본파 실효값(A)

① 전류의 종합 왜형률　　　　② 최대전력 추종시험
③ 단독운전 방지기능 시험　　④ 대기손실 시험

해설 — 교류 출력 전류 변형율 시험에서 인버터의 출력 전류에 포함되는 차수별 고조파 전류 성분을 측정하고 전류의 종합왜형률을 산출한다.

82. 지열원 열펌프 유닛 제조사가 명시한 열원 측 순환수 유량은 정격용량의 기준으로 어떻게 명시되어 있나? (2014년 02월 개정)

① 3.5 kW당 0.19 L/s(또는 11.4 L/min) +5%를 초과해서는 안된다.
② 2.5 kW당 0.19 L/s(또는 11.4 L/min) +10%를 초과해서는 안된다.
③ 1.5 kW당 0.19 L/s(또는 11.4 L/min) +10%를 초과해서는 안된다.
④ 0.5 kW당 0.19 L/s(또는 11.4 L/min) +5%를 초과해서는 안된다.

해설 — 지열원 열펌프 유닛 : 순환수 유량
제조사가 명시한 열원 측 순환수 유량은 정격용량을 기준으로 3.5 kW당 0.19 L/s(또는 11.4 L/min)+ 5%를 초과해서는 안되며, 냉방 및 난방운전시 순환수 유량은 동일하여야 한다.

83. 신·재생에너지 설비 설치전문기업의 지원을 받으려면 신고 기준에 따른 신고기준 및 절차에 따라 산업통상자원부장관에게 (　)년마다 다시 신고하여야 하나?

① 1년　　② 2년　　③ 3년　　④ 4년

해설 — 신·재생에너지전문기업은 이 법에 따른 지원을 받으려면 제1항에 따른 신고기준 및 절차에 따라 산업통상자원부장관에게 3년마다 다시 신고하여야 한다.

정답 81. ①　82. ①　83. ③

84. 태양전지의 종류 및 사용 용도에 따라 1,2,3세로 나눈다. 3세대 태양전지 종류가 아닌 것은?

① 염료감응형 ② 유기물
③ 나노구조 ④ 아몰포스

해설 ※ 태양전지의 종류 그리고 사용용도
1) 1세대 : 실리콘계(단결정 Single, 다결정 Poly)
2) 2세대 : 박막형계[비정질(아몰포스) 실리콘, CdTe / CIGS 화합물, 적층형(Tandem)]
3) 3세대 : 염료감응형, 유기물, 나노구조

85. 태양전지의 종류 및 사용 용도에 따라 1,2,3세로 나눈다. 아래 설명하고 있는 태양 전지는?

> 날씨가 흐려도 발전이 가능하며 빛의 투사 각도가 0도에 가까워도 전기가 생산이 되며 투명과 반투명으로 만들 수가 있고 유기염료의 종류에 따라서 노랑색, 빨간색, 하늘색, 파란색 등 다양한 색상과 원하는 그림을 넣을 수가 있어서 특히 건물 인테리어와 잘 어울리게 된다.

① 염료감응형 ② 유기물 ③ 나노구조 ④ 아몰포스

해설 - 위 지문은 염료감응형에 대한 설명

86. 결정계 모듈의 특성(곡선 그림)에 대한 내용이 아닌 것은?

① 모듈의 표면온도가 높게 되면 출력이 저하하는 부(-)의 온도 특성을 가진다.
② 방사온도가 같고 모듈 온도가 상승한 경우 개방전압(Voc)이나 최대출력(Pm)도 저하한다.
③ 하절기에도 상대 출력치 저감율은 1℃에 대하여 ±2% 정도이다.
④ 최대출력 (Pm)도 거의 방사온도에 비례하게 된다.

해설 아몰퍼스(amorphous) 태양전지에서는 초기열화에 의한 변환효율의 저하가 생기지만 온도 상승에 의한 변환효율 저감은 결정계 태양전지에 비해서 상당히 적다. 하절기에도 상대 출력치 저감율은 1℃에 대하여 0.25% 정도이다. 경우에 따라서는 열회복도 기대할 수 있기 때문에 종합적인 출력은 높아진다.

87. 태양전지 어레이용 가대 설계시 지지층의 전단력 계수 고려대상 하중은?

① 수직하중 ② 풍하중 ③ 지진하중 ④ 활하중

정답 84. ④ 85. ① 86. ③ 87. ③

해설 – 설계 상정하중

구 분		내 용
수직하중	고정하중	어레이 + 프레임 + 서포트하중
	적설하중	경사계수 및 눈의 단위 질량 고려
	활하중	건축물 및 공작물을 점 유 사용함으로 써 발생하는 하중
수평하중	풍하중	어레이에 가한 풍압과 지지물에 가한 풍압의 합 풍력계수, 환경계수, 용도계수 등을 고려
	지진하중	지지층의 전단력 계수 고려

88. 태양전지 종류중 박막계의 종류중에 화합물소재의 특징이 <u>아닌</u> 것은?

① 박막Si에 비교적 고효율
② 향후시장주도가능
③ 고효율, 인공위성 전원등의 특수목적용
④ 인공위성용으로 R&D활발

해설 [태양전지의 종류 및 특성]

소 재			생산량 비율	변환효율 (R&D : 상용)	주요 특징
결정질계	Si	단결정	43%	24.3% : 22%	– 고효율가능 – 대규모발전분야사용
		다결정	46%	18.0% : 17%	– 저급원료사용–저가생산 – 주택용시스템사용
		구상Si	'07양산화	9.3%(집광)	– Si 사용량 1/5~1/7 절감 – 박형, 경량화, Flexible
	화합물	GaAs	<1%	36.7% : 34%	– 고효율, 인공위성 전원등의 특수목적용
박막계	Si	비정질	<5%	12.5% : 10%	– Si 사용량절감 – 박형, 경량화, Flexible
	화합물	CuInSe₂ CdTe	<3%	19% : 14%	– 박막Si에 비교적 고효율 – 박형, 경량화, Flexible – 향후시장주도가능 – 인공위성용으로 R&D활발
	유기	Dye, Organic	R&D	Dye 11% Organic 5%	– 저가

정답 88. ③

89. 태양광 발전설비전기공사의 DC 설치에서의 주의사항에 대한 설명으로 어긋나는 것은?

① 전기 공사중에는 접촉 차단 콘넥터가 없이 모듈의 빛이 차단되도록 한다.
② PV 전류는 DC 이고 이는 절연이 파괴될 경우 계속 아크를 발생한다. 이러한 이유로 설치는 접지 고장이고 단락방지이며 케이블 연결은 아주 주의하여야 한다.
③ DC 전류량은 일사량에 비례한다. 다시 말하면 공칭 전압은 저 광속일 때에도 나타나므로 주의하여야 한다.
④ DC 주 케이블과 연결할 때, PV 접속함은 전원이 살아 있어야 한다.

해설 – DC 설치에서의 주의 사항 –
DC 주 케이블과 연결할 때, PV 접속함은 전원이 살아 있어서는 안된다. 이는 접속함에서 분리 차단기를 개방함으로써 이루어진다. 그렇지 않으면 PV 배열의 전체 전력이 나타남과 같은 아크가 발생할 위험이 있다.

90. 애자사용공사에 의한 저압 옥내배선의 시설 기준에 따른 ( )안의 내용으로 옳은 것은?

> 전선과 조영재 사이의 이격거리는 사용전압이 400V 미만인 경우에는 (A) 이상, 400V이상인 경우에는 (B)이상일 것

① A=1.5cm , B=2.5cm
② A=2.5cm , B=3.5cm
③ A=2.5cm , B=4.5cm
④ A=2.0cm , B=4.0cm

해설 제201조 (애자사용 공사)
① 애자사용공사에 의한 저압 옥내배선은 다음 각호에 의하여 시설하여야 한다. 다만, 특별한 이유에 의하여 시·도지사의 인가를 받은 경우에는 그러하지 아니하다.
 1. 전선은 제188조 제1호 "가" 내지 "다"의 것 이외에는 절연전선 (옥외용 비닐절연전선 및 인입용 비닐절연전선을 제외한다)일 것.
 2. 전선 상호간의 간격은 6cm 이상일 것
 3. 전선과 조영재 사이의 이격거리는 사용전압이 400V 미만인 경우에는 2.5cm이상, 400V 이상인 경우에는 4.5cm (건조한 장소에 시설하는 경우에는 2.5cm) 이상일 것

91. 애자사용공사에 의한 저압 옥내배선의 시설 기준에 따른 ( )안의 내용으로 옳은 것은?

> 사용전압이 400V 이상인 것은 전선의 지지점간의 거리는 (   )일 것

① 3M 이하
② 4M 이하
③ 5M 이상
④ 6M 이하

해설 – 90번 설명 참조

정답 89. ④ 90. ③ 91. ④

92. 아래 태양광관련 용어에 대한 설명으로 맞는 것은?

> 폐플라스틱 고형연료제품. 가연성폐기물(지정폐기물 및 감염성폐기물을 제외한다)을 선별 → 파쇄 → 건조 → 성형을 거쳐 일정량 이하의 수분을 함유한 고체상태의 연료로 제조한 것

① RPF(Refused Plastic Fuel) ② RDF(Refused Derived Fuel)
③ 스택(Stack) ④ 개질기(Reformer)

해설 폐기물 고형연료(Refuse Derived Fuel)
사업장, 가정에서 발생되는 가연성 폐기물 중 에너지 함량이 높은 폐기물을 고형화 처리를 통해 생산한 재생에너지.
스택(Stack)
원하는 전기출력을 얻기 위해 단위전지(unit cell)를 수십장, 수백장 직렬로 쌓아 올린 본체.
RDF(Refused Derived Fuel) : 폐기물 고형연료. 종이, 나무, 플라스틱 등의 가연성 폐기물을 파쇄, 분리, 건조, 성형 등의 공정을 거쳐 제조한 고체연료

93. 접지공사를 생략할 수 있는 경우의 내용중 괄호 안의 내용으로 맞는 것은?

> 저압용 기계 기구에 전기를 공급하는 전로에 전기용품에 관한 법률의 적용을 받는 고속형 누전 차단기 (정격차단기정류 15[mA]이하 동작 시간 (A)초 이내 또는 30[mA]이하 동작시간 (B)초 이내의 전류 동작형에 한한다.)를 시설하는 경우.

① A = 0.2초, B = 0.01초 ② A = 0.1초, B = 0.02초
③ A = 0.1초, B = 0.03초 ④ A = 0.2초, B = 0.04초

해설 – 접지공사를 생략할 수 있는 경우.
1. 사용 전압이 직류 600[V]또는 교류 대지전압이 300[V] 이하의 회로에 사용되는 기기를 건조한 장소에 시설하는 경우.
2. 저압용 기계기구에 전압을 공급하는 전로의 전원측에 절연변압기(2차 전압 300[V]이하 정격 용량 3[kVA]이하)를 시설하고 또는 해당전로를 접지하지 아니하였을 경우.
3. 저압용 기계 기구에 전기를 공급하는 전로에 전기용품에 관한 법률의 적용을 받는 고속형 누전 차단기(정격차단기정류 15[mA]이하 동작 시간 0.1초 이내 또는 30[mA]이하 동작시간 0.03초 이내의 전류 동작형에 한한다.)를 시설하는 경우.
4. 기계기구를 건조한 목제 목주등과 같이 절연성 위에 시설, 취급하는 경우.
5. 철대 외함의 주위에 절연대를 설치하는 경우.
6. 의함이 없는 계기용 변성기가 고무 합성수지 절연물로 피복된 경우.
7. 그 중 절연구조의 기계기구를 시설하는 경우.

정답 92. ① 93. ③

94. 태양광 설비 시스템 시공시 전압강하의 측정표이다. (   )안의 내용으로 맞는 것은?

전선길이	전압강하
(A) m 이하	(B)%
200m 이하	6%
200m 초과	7%

① A = 100M , B = 3%   ② A = 110M , B = 4%
③ A = 120M , B = 5%   ④ A = 130M , B = 6%

해설 [전압강하]
- 태양전지판에서 인버터입력단간 및 인버터출력단과 계통연계점간의 전압강하는 각 3%를 초과하여서는 아니된다. 단, 전선길이가 60m를 초과할 경우에는 아래표에 따라 시공할 수 있다. 전압강하 계산서 (또는 측정치)를 설치확인 신청시에 제출하여야 한다.

전선길이	전압강하
120m 이하	5%
200m 이하	6%
200m 초과	7%

95. 아래 내용은 무엇을 설명하는 것인가?

> 모듈이 현장에서 동작하는 온도로 사용할 수 있으며, 여러가지 모듈 설계를 비교할 때 유용한 지표가 될 수 있다. 그러나 특정 시각의 실제 모듈 동작온도는 설치 구조, 일조 강도, 풍속, 주위의 기온, 상공의 기온 및 지면의 반사와 지열발산의 영향을 받는다.

① 태양광발전 모듈의 공칭 태양전지 동작 온도(nominal operating cell temperature : NOCT)
② 개방형 선반식 가대(open rack)
③ 과전압계전기(OVR : Over Voltage Relay)
④ 주파수변화율 검출방식

해설 태양광발전 모듈의 공칭 태양전지 동작 온도(nominal operating cell temperature, NOCT)는 다음의 표준 기준 환경 (standard reference environment, SRE)에서 개방형 선반식 가대(open rack)에 설치되어 있는 모듈을 구성하는 태양전지의 평균 접합온도로 정의된다.
- 경사각 ; 수평면을 기준으로 45°
- 경사면 일조 강도 ; 800W/㎡

정답 94. ③ 95. ①

- 주위 기온 ; 20℃
- 풍속 ; 1m/s
- 전기적 부하 ; 없음 (회로 개방 상태)

시스템 설계에서 NOCT는 모듈이 현장에서 동작하는 온도로 사용할 수 있으며, 여러가지 모듈 설계를 비교할 때 유용한 지표가 될 수 있다. 그러나 특정 시각의 실제 모듈 동작 온도는 설치 구조, 일조 강도, 풍속, 주위의 기온, 상공의 기온 및 지면의 반사와 지열 발산의 영향을 받는다.

96. 솔라셀을 여러장 직렬시키면 전압이 셀의 숫자의 배수로 증가되며 또 병렬로 연결시키면 전류가 배가 된다. 이러한 원리의 이용하여 80W모듈을 만들려면 5인치 단결정 셀을 몇 장 직렬연결시켜야 되나?

① 25장 ② 31장
③ 36장 ④ 41장

해설 – 80W(18V × 4.5A)모듈을 만들려면 5인치 단결정셀 (V=0.5V, I=4.5A)을 36장 직렬연결시켜야 한다. (0.5V×36셀=18V, 4.5A)

97. 아래 그림 설명으로 옳지 않는 것은?

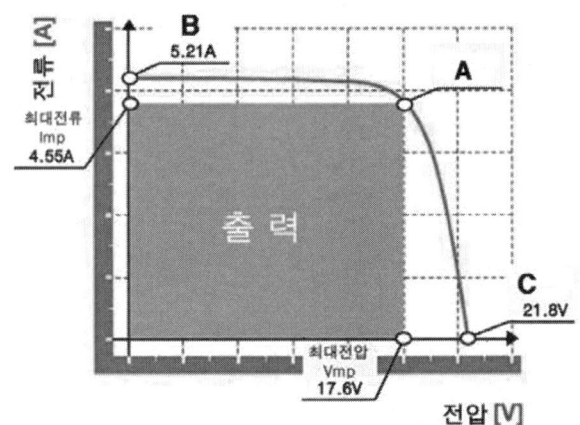

① 전류-전압특성 그래프이다(I-V곡선표).
② C는 개방전압 Voc이다.
③ 모듈 A의 최대출력은 80W이다.
④ B는 개방전류 Isc이다.

정답 96. ③ 97. ④

해설
- 단락전류 Isc를 표시한 것이다.
- 전압이 0일때의 전류를 단락전류(Short-Circuit Current : Isc)라 한다.
- 태양전지에 전류가 흐르고 있지않을때의 전압을 개방전압(Open-Circuit Volt:Voc)라 한다.
  태양전지에서 나오는 전력은 전류와 전압을 곱하여 얻을 수 있으며 그림과 같이 최대 전류(Max.Power Currnt : Imp)와 최대전압(Max. Power Volt:Vmp)이 만나는 최 적의 동작점에서 발생한 전력이 태양전지의 최대출력(Max. Power)값이 된다.
  이 모듈의 최대출력 값은 최대전압×최대전류이므로 17.6×4.55=80.08W이다.

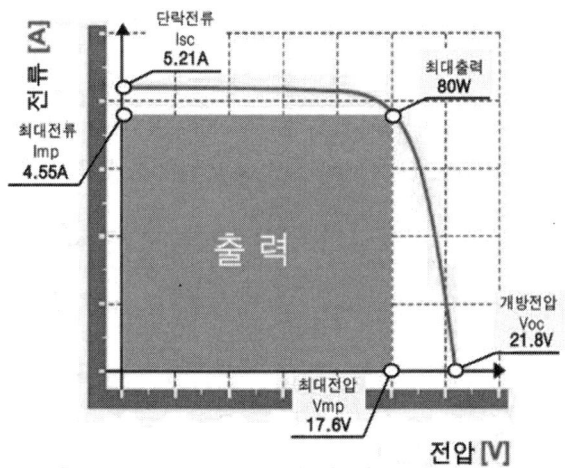

98. 경사지붕면적이 100㎡(10m×10m)인 건축물에 PVS설비를 하려고 한다. 165Wp급 모듈의 가로길이가 1.6m, 세로길이가 0.8m, 모듈의 온도에 따른 전압범위가 28~42V일 때 모듈의 설치 가능갯수는?(단, 인버터의 동작전압은 150~540V, 효율은 92%(설치간격 및 기타 손실등은 무시))

① 22개 ② 45개
③ 68개 ④ 72개

해설
- 모듈의 설치가능 개수 (최대)
  ∴ 가로 배열 : 10/1.6 = 6.25 ≒ 6.
  ∴ 세로 배열 : 10/0.8 = 12.50 ≒ 12.
- 제시한 직렬연결시 최저 전압 28×12=336V
  "   최고 전압 42×12=504V 동작 범위내에 있으므로
  즉, 설치 가능 개수는 6×12=72개이다.

정답 98. ④

99. 경사지붕면적이 100㎡(10m×10m)인 건축물에 PVS설비를 하려고 한다. 165Wp급 모듈의 가로길이가 1.6m, 세로길이가 0.8m, 즉 72개를 설치 하였다. 모듈의 온도에 따른 전압범위가 28~42V일 때 발전 가능 용량(kWp)은 얼마인가?(단, 인버터의 동작전압은 150~540V, 효율은 92%(설치간격 및 기타 손실등은 무시))

① 5.82　　　② 10.93　　　③ 13.68　　　④ 19.55

해설 － 발전 가능 용량(kWp) = 모듈수 × 모듈1개의 Wp × PCS효율
　　　　　　　　　　　　= 72 × 165 × 0.92 = 10.93kWp.

100. 태양광 인버터의 고장 또는 계통사고시에 사고의 제거, 사고범위의 극소화를 위하여 인버터를 정지하고 계통과 분리하여 일반적인 4가지요소를 검출하여야 한다. 아래 그림을 참조하여 4가지 요소에 속하지 않는 것은?

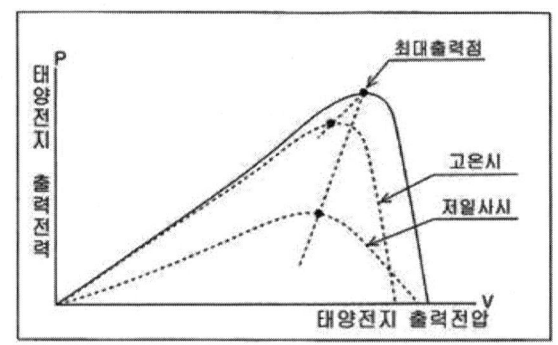

태양전지 출력전압 – 전력특성
Output Voltage vs power characteristics of solar cell

① 과전압 계전기　　　　　　　② 상승 전압 계전기
③ 주파수 상승 계전기　　　　　④ 주파수 저하 계전기

해설 － 과전압계전기 (OVR : Over Voltage Relay)
　　　　부족전압계전기 (UVR : Under Voltage Relay)
　　　　주파수상승계전기 (OFR : Over Frequncy Relay)
　　　　주파수저하계전기 (UFR : Under Frequncy Relay)

정답 99. ②　100. ②

제4과목

태양광발전시스템 운영
[예상문제]

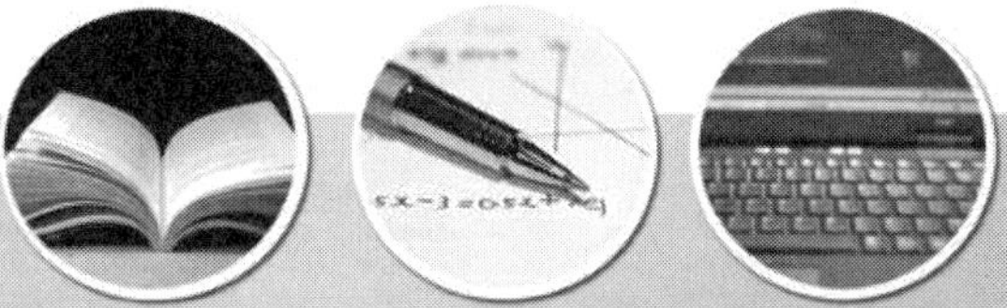

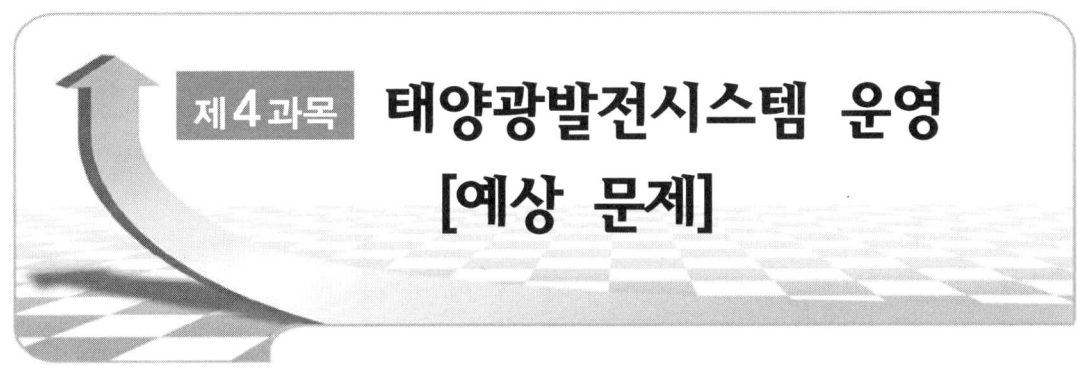

제4과목 태양광발전시스템 운영 [예상 문제]

1. 다음 중 송전선로에 해당하는 연계 방법은?

번호	연계설비용량		전기방식
①	전용	원칙적으로 500[kW] 미만	단상 220[V] / 삼상 380[V]
②	일반	원칙적으로 3,000[kW] 미만	삼상 22.9[kV]
③	전용	원칙적으로 20,000[kW] 미만	
④		원칙적으로 20,000[kW] 이상	삼상 154[kV]

해설 송전선로 - 연계설비용량 20,000kW 이상의 삼상 154kV 방식.

2. 다음 중 비정상 전압에 대한 분산형 전원 분리시간으로 틀린 것은?

전압 범위 (기준전압에 대한백분율[%])	고장 제거 시간[초]
① V < 50	0.16
② 50 ≤ V < 88	1.00
③ 88 < V < 120	1.00
④ V ≥ 120	0.16

해설 88 < V < 120 이 아니라 110 < V < 120 이다.

3. 박막 태양광발전 모듈은 광조사 시험 후 STC 조건에서의 최대 출력 측정값이 제조자가 표시한 정격 출력 최소값의 최소 몇 % 이상이어야 하는가?

① 80　　　② 85　　　③ 90　　　④ 95

정답 1. ④ 2. ③ 3. ③

해설 ○ 최대출력 : 시험후 STC 조건에서의 측정값은 제조자가 표시한 정격출력 최소값의 90% 이상일 것.
- 균일도는 5% 이내일 것.
- 절연저항 : 절연저항 시험은 시험기 전압을 500 V/s를 초과하지 않는 상승률로 500 V 또는 모듈시스템의 최대전압이 500 V 보다 큰 경우 모듈의 최대시스템 전압까지 올린 후 이 수준에서 2분간 유지.
- 외관 : 두드러진 이상이 없고, 표시는 판독할 수 있어야 함.

4. 태양광발전시스템 운전조작 방법 중 태양전지 모듈에 대한 설명으로 틀린 것은?

① 태양전지모듈 표면은 주로 일반 유리로 되어 있어, 약한 충격에도 파손될 수 있다.
② 태양전지모듈 표면에 그늘이 지거나, 나뭇잎 등이 떨어져 있는 경우 전체적인 발전 효율 저하 요인으로 작용할 수 있다.
③ 발전효율을 높이기 위해 부드러운 천으로 이물질을 제거하며, 태양전지모듈 표면에 흠이 생기지 않도록 주의해야 한다.
④ 풍압이나 진동으로 인하여 태양전지모듈과 형강의 체결 부위가 느슨해지는 경우가 있으므로 정기적으로 점검해야 한다.

해설 태양전지의 종류는 크게 결정질 실리콘타입의 태양전지와 박막형태양전지로 구분되며 결정질타입의 전지는 셀의 구성재료에 따라서 단결정,다결정타입으로 이루어진다. 태양전지는 음영 및 설치 조건에 따라 출력의 성능을 결정한다

5. 전기사업용전기설비 검사를 받고자 하는 자는 안전공사에 검사희망일 며칠 전에 정기검사를 신청하여야 하는가?

① 3　　② 5　　③ 7　　④ 10

해설 사업용전기설비의 검사업무 처리규정
제8조 (검사신청 및 검사수수료 납부)
- 전기사업용전기설비 검사를 받고자 하는 자(이하 "신청인"이라 한다)는 안전공사에 검사 희망일 7일 전에 사용전검사 또는 정기검사를 신청하여야 한다.

6. 소형 태양광 발전용 3상 독립형 인버터의 경우 부하 불평형 시험 시 정격 용량에 해당하는 부하를 연결한 후 U상, V상, W상 중 한 상의 부하를 0으로 조정한 후 몇 분 동안 운전하는가?

① 10　　② 15　　③ 30　　④ 60

정답 4. ③　5. ③　6. ③

해설 부하불평형 시험 - 3상 독립형 인버터에 적용한다. 정격용량에 해당하는 부하를 연결한 후 U, V, W상 중 한상의 부하를 0으로 조정한 후 30분 동안 운전한다.

7. 접속함에 설치된 태양전지와 접지선 간의 절연저항은 DC 500V 메거로 측정 시 최소 몇 MΩ 이상이어야 하는가?

① 0.1 ② 0.2 ③ 0.5 ④ 1

해설

중계단자함 (접속함)	측정 및 시험	절연저항	〈 태양전지-접지선 〉 0.2 MΩ 이상, 측정전압 DC 500 V 〈 출력단자-접지간 〉 1 MΩ 이상, 측정전압 DC 500 V
		개방전압	규정 전압 확인 극성 확인(각 회로마다 전부 측정)

KESCO73031電技 21조판단61조內規 4215 -1(참고)

8. 결정질 실리콘 태양광발전 모듈의 성능을 시험하는 시험장치가 아닌 것은?

① 항온항습 장치   ② 염수분무 장치
③ 우박시험 장치   ④ 저온방전시험 장치

해설 1. 치수측정기 2. 온도계, 습도계 3. 인장력측정기 4. 절연저항계 5. 쏠라시뮬레이터
6. NOCT 측정장치 7. 옥외노출 시험장치 8. 열점내구성시험장치 9. UV 시험장치
10. 항온항습장치 11. 단자강도시험장치 12. 절연저항시험장치 13. 습윤누설전류 시험장치
14. 기계적하중 시험장치 15. 우박시험장치 16. 온도계수 측정장치 17. 내전압시험장치
18. 염수분무장치 19. 바이패스다이오드 시험장치.

9. 태양광발전시스템에서 사용되는 송·변전 시스템 점검사항 중 비상정지회로의 점검은 언제 수행되어야 하는가?

① 정기점검   ② 일시점검
③ 외관점검   ④ 일상순서점검

해설 ○ 송변전 설비의 유지관리
 - 공통 점검사항 : 금속 부분에 녹이 슬거나 도장이 벗겨진 부분은 보수점검 항목이며, 비상정지 회로는 정기점검 시 동작확인을 반드시 하고, 배전반 부근에서 건축공사 등이 있을 때는 먼지 또는 진동에 의한 충격으로 기기에 손상이 일어나지 않도록 주의한다.

정답 7. ② 8. ② 9. ①

10. 자가용 태양광 발전소의 태양전지·전기설비 계통의 정기검사 시기는?
    ① 1년 이내 ② 2년 이내
    ③ 3년 이내 ④ 4년 이내

    해설 사용전검사 및 정기검사 시기 등
    1) 전기저장장치의 설치공사 또는 변경공사를 한 자가 해당 전기저장장치를 사용하기 전에 받아야 하는 검사의 시기를 전체 공사가 완료된 때로 함.
    2) 전기저장장치의 소유자 또는 점유자가 정기적으로 받아야 하는 검사의 시기를 사용전검사일 또는 정기검사일부터 4년 이내로 함.

11. 연간 유지 관리비 관련 산출식의 내용이 <u>아닌</u> 것은?
    ① 연간 유지 관리비 연간 유지 관리비용 = 법인세 및 제세 + 보험료 + 운전유지 및 수선비
    ② 법인세 = 초기투자비용 * 요율
    ③ 운전유지 및 수선비 = 초기투자비용 * 0.1%
    ④ 보험료 = 초기투자비용 * 요율

    해설
    − 연간유지 관리비 연간 유지 관리비용 = 법인세 및 제세 + 보험료 + 운전유지 및 수선비
    − 법인세 : 초기투자비용 * 요율
    − 보험료: 초기투자비용 * 요율
    − 운전유지 및 수선비 : 초기투자비용 * 1%

12. 태양광 발전원가계산식으로 맞는 것은?
    ① ((초기투자비 [원] / 설비수명년한 [년]) + 연간유지관리비 [원/년])) / 연간 총발전량kWh/년]
    ② ((설비수명년한 [년] / 초기투자비 [원]) + 연간유지관리비 [원/년])) / 연간 총발전량kWh/년]
    ③ ((초기투자비 [원] / 연간유지관리비 [원/년]) + 설비수명년한 [년])) / 연간 총발전량kWh/년]
    ④ ((초기투자비 [원] / 설비수명년한 [년]) + 연간 총발전량kWh/년)) / 연간유지관리비 [원/년])

정답 10. ④ 11. ③ 12. ①

해설
$$\frac{\frac{초기투자비[원]}{설비수명년한[년]}+연간유지관리비[원/년]}{연간\ 총발전량[kwh/년]}$$

13. 전기 설비 기술기준의 누설전류 저압의 전선로 중 대지 사이의 절연저항은 사용 전압에 대한 누설 전류가 최대 공급전류의 (   )을 넘지 않도록 유지하여야 한다. 괄호 안의 내용으로 맞는 것은?

① 1/200   ② 1/1,000   ③ 1/2,000   ④ 1/2,500

해설 전기 설비 기술기준 제27조 누설전류
저압의 전선로 중 대지 사이의 절연저항은 사용 전압에 대한 누설 전류가 최대 공급전류의 1/2,000을 넘지 않도록 유지하여야 한다.

14. 전기 설비 기술기준의 용어정의가 어긋나는 것은?
① 조상설비 : 무효전력을 조정하는 전기계기구를 말한다.
② 개폐소 : 개폐소 안에 시설한 개폐기 및 기타 장치에 의하여 전로를 개폐하는 곳으로서 발전소, 변전소 및 수용 장소도 포함된다.
③ 2차접근상태 : 가공전선이 다른 시설물과 접근하는 경우에 그 가공 전선이 다른 시설물의 위쪽 또는 옆쪽에서 수평거리가 3[m] 미만인 곳에 시설되는 상태를 말한다.
④ 관등회로 : 방전등용 안전기로부터 방전관까지의 전로를 말한다.

해설
- 조상설비 : 무효전력을 조정하는 전기계기구를 말한다.
- 가공인입선 : 가공전선로의 지지물로부터 다른 지지물을 거치기 아니하고 수용장소의 붙임점에 이르는 가공전선을 말한다.
- 개폐소 : 개폐소 안에 시설한 개폐기 및 기타 장치에 의하여 전로를 개폐하는 곳으로서 발전소, 변전소 및 수용 장소 이외의 곳을 말한다.
- 관등회로 : 방전등용 안전기로부터 방전관까지의 전로를 말한다.
- 2차접근상태 : 가공전선이 다른 시설물과 접근하는 경우에 그 가공 전선이 다른 시설물의 위쪽 또는 옆쪽에서 수평거리가 3[m]미만인 곳에 시설되는 상태를 말한다.
- 계측장치 : 전압계, 전류계, 전력계, 온도계.

15. 전기 설비 기술기준의 용어 중 "2차접근상태"란?
① 가공전선이 다른 시설물과 접근하는 경우에 그 가공 전선이 다른 시설물의 위쪽 또는 옆쪽에서 수평거리가 1[m]미만인 곳에 시설되는 상태를 말한다.

정답 13. ③   14. ②   15. ③

② 가공전선이 다른 시설물과 접근하는 경우에 그 가공 전선이 다른 시설물의 위쪽 또는 옆쪽에서 수평거리가 2[m]미만인 곳에 시설되는 상태를 말한다.

③ 가공전선이 다른 시설물과 접근하는 경우에 그 가공 전선이 다른 시설물의 위쪽 또는 옆쪽에서 수평거리가 3[m]미만인 곳에 시설되는 상태를 말한다.

④ 가공전선이 다른 시설물과 접근하는 경우에 그 가공 전선이 다른 시설물의 위쪽 또는 옆쪽에서 수평거리가 4[m]미만인 곳에 시설되는 상태를 말한다.

해설
- 2차접근상태 : 가공전선이 다른 시설물과 접근하는 경우에 그 가공 전선이 다른 시설물의 위쪽 또는 옆쪽에서 수평거리가 3[m]미만인 곳에 시설되는 상태를 말한다.
- 계측장치 : 전압계, 전류계, 전력계, 온도계.
- 관등회로 : 방전등용 안전기로부터 방전관까지의 전로를 말한다.

16. 자가용발전설비중 단독운전 방지회로의 방식에서 수동적 방식운전종류가 <u>아닌</u> 것은?

① 유효전력 변동방식 ② 전압 위상 도약 검출 방식
③ 3차고조파 전압 기울기 급증 검출방식 ④ 주파수 변화율 검출방식

해설
- 수동적방식 : 검출시한 시간 0.5초 이내 유지시한 5 ~ 10초

방 식	개요 · 특징 · 과제
1. 전압 위상 도약 검출 방식	단독운전 이행시의 인버터출력이 역율1운전으로 부하의 역률이 변화되어 순시의 전압위상의 도약을 검출한다. 단독운전 이행시에 위상변화가 발생하지 않는 경우에는 검출이 되지 않는다.
2. 3차 고조파 전압 기울기 급증 검출방식	단독운전 이행시의 검출변압기의 여자전류공급에 수반되어 전압 기울기의 급증을 검출한다. 부하로 되는 변압기의 편성으로 인해 오동작의 확률이 비교적 높다.
3. 주파수변화율 검출 방식	주로 단독운전 이행시에 발전전력과 부하의 불평형에 따라 주파수의 급변을 검출하는 방식

- 능동적방식 : 검출시한 시간 0.5 ~ 1초

방 식	개요 · 특징 · 과제
1. 주파수 쉬프트 방식	인버터의 내부발신기에서 주파수 바이어스를 주었을 때 단독운전시에 나타나는 주파수변동을 검출한다.
2. 유효전력 변동방식	인버터출력에 동기적인 유효전력변동을 주었을 경우 단독운전시에 나타나는 전압, 전류 또는 주파수변동을 검출한다. 상시출력이 변동될 가능성이 있다.
3. 무효전력 변동방식	인버터에 출력이 주기적인 무효전력변동을 주었을 때 단독운전시에 나타나는 주파수 변동 등을 검출한다.
3. 부하 변동 방식	인버터출력과 병렬로 임피던스를 순시적 또한 주기적으로 투입하는 전압, 그리고 전류의 급변을 검출한다.

정답 16. ①

17. 자가용발전설비중 단독운전 방지회로의 방식에서 수동적 방식 운전 검출시한이 맞는 것은?

① 검출시한 시간 0.5초 이내 유지시한 5~10초.
② 검출시한 시간 0.5~1초.
③ 검출시한 시간 1초 이내 유지시한 5~10초.
④ 검출시한 시간 1초.

해설 - 수동적 방식 : 검출시한 시간 0.5초 이내 유지시한 5~10초.
- 능동적 방식 : 검출시한 시간 0.5~1초.

18. 자가용발전설비중 계통연계 태양광발전용 인버터의 회로방식의 특징을 설명한 것이다. 어떤 방식을 설명한 것인가?

- 저주파 변압기 절연방식보다는 소형이다.
- 변환회로가 복잡함으로 고정손실이 크다.
- 직류분 검출회로가 필요.
- 고주파노이즈대책이 필요.

① 저주파변압기 절연방식
② 고주파변압기 절연방식
③ 주파수 쉬프트 방식
④ 직결방식

해설
고주파 변압기 절연방식	태양전지의 출력을 일단 고주파 20[KHz] 정도의 교류로 변환한 후 고주파 변압기를 끼워 넣어서 절연하여, 직류로 변환한 뒤에 상용주파PWM 인버터에서 교류로 변환한 후 연계한다.	- 저주파 변압기 절연방식보다는 소형이다. - 변환회로가 복잡함으로 고정손실이 크다. - 직류분 검출회로가 필요 - 이대로는 단상 3회선로에 평형하여 전력을 공급할 수 없다. - 고주파노이즈대책이 필요

19. 자가용발전설비중 계통연계 태양광발전용 인버터의 회로방식의 종류가 아닌 것은?

① 저주파변압기 절연방식
② 고주파변압기 절연방식
③ 주파수 쉬프트 방식
④ 직결방식

정답 17. ① 18. ② 19. ③

해설 〈표 계통연계태양광발전용 인버터의 회로방식〉

방식	개요	장점/단점
저주파변압기 절연방식	태양전지출력을 상용주파 PWM 인버터에서 교류로 변환하여, 상용주파변압기를 끼워 넣어서 연계한다.	• 실사용상태에서 고효율운전을 할 수 있다. • 태양전지부터 사용계통과 완전하게 절연성을 유지한다. • 단상3회선회로에 평형하게 전력을 공급할 수 있다. • 가이드라인만을 원칙으로 변압기설치를 추천·권장한다.
고주파 변압기 절연방식	태양전지의 출력을 일단 고주파 20[kHz]정도의 교류로 변환한 후 고주파 변압기를 끼워 넣어서 절연하여, 직류로 변환한 뒤에 상용주파PWM 인버터에서 교류로 변환한 후 연계한다.	• 저주파 변압기 절연방식보다는 소형이다. • 변환회로가 복잡함으로 고정손실이 크다. • 직류분 검출회로가 필요. • 이대로는 단상3회선로에 평형하여 전력을 공급할 수 없다. • 고주파노이즈대책이 필요.
직결방식	태양전지의 출력을 변압기를 통하도록 하여 PWM 인버터에서 교류로 변환한다.	• 가장 소형.경량 • 고효율 • 직류분 검출회로가 필요. • 저비용 • 단상3회선로에 평형하여 전력을 공급할 수 없다. • 지락보호대책이 필요 • 고주파 노이즈대책이 필요.

20. BATTERY의 최적상태 유지를 위한 방법이 아닌 것은?

① 일상적으로 청소 및 감시를 철저히 해야 한다.

② 청결한 건조 상태를 유지하고 전해액이 기준 내에 있어야 한다.

③ 상온을 유지해야 한다.

④ 수시 점검을 통해 배터리 수명 및 효율을 향상시키고 최적상태를 유지해야 함.

해설 [BATTERY의 최적상태 유지를 위한 방법]
- 일상적으로 청소 및 감시를 철저히 해야 한다.
- 청결한 건조 상태를 유지하고 전해액이 기준 내에 있어야 한다.
- 상온을 유지해야 한다.
- 정기 점검을 통해 배터리 수명 및 효율을 향상시키고 최적상태를 유지해야 함.

21. BATTERY의 최적상태 유지를 위한 점검내용이 아닌 것은?

① 6개월 점검 : 부동 충전중 축전지 총전압.

② 6개월 점검 : 전해액이 기준 내에 있는지.

③ 6개월 점검 : 부동충전 중 PILOT CELL의 전해액 비중 및 온도 측정.

④ 6개월 점검 : 접속단자, 접속선 등 녹발생 유무.

정답 20. ④ 21. ③

해설 [BATTERY의 최적상태 유지를 위한 방법]
1) 1개월 점검 :
   ① 부동충전 중 축전지 총 전압
   ② 전해액면이 기준 내에 있는지
   ③ 축전지의 누액유무 점검
2) 6개월 점검 :
   ① 부동 충전중 축전지 총전압
   ② 부동 충전중 전체 셀전압
   ③ 전해액이 기준 내에 있는지
   ④ 전조등에 균열 또는 누액 유무 점검
   ⑤ 먼지 등에 의한 오염, 손상 유무
   ⑥ 접속단자, 접속선 등 녹발생 유무
   ⑦ 각종 마개 및 패킹의 손상유무
3) <u>1년 점검 : 부동충전 중 PILOT CELL의 전해액 비중 및 온도 측정</u>

22. 다음은 무엇을 가리키는 정의인가?

> 1. 성능계수, 출력계수, 설계계수, 시스템효율을 나타냄.
> 2. 표준조건(STC)에서 손실요인을 고려하지 않은 이상적인 발전성능과 실제 발전 성능과의 비.

① PR (Performance Ratio)
② 인버터 변환효율
③ 태양전지어레이의 예측출력치 : 배선회로에 의한 손실
④ PCS 변환효율

해설
- PR (Performance Ratio) : 성능계수, 출력계수, 설계계수, 시스템효율을 나타냄.
- 표준조건(STC)에서 손실요인을 고려하지 않은 이상적인 발전성능과 실제 발전성능과의 비.

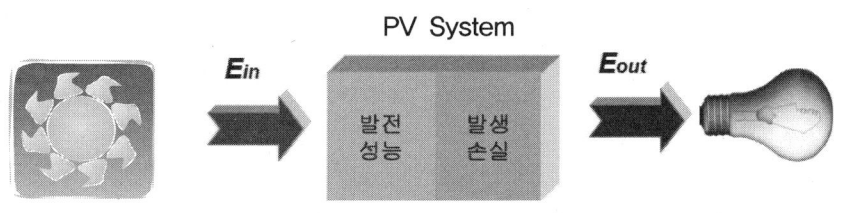

$$PR \text{ or } K = \frac{E_{in} \cdot (1 - K_{loss})}{E_{in}}$$

정답 22. ①

23. 아래 태양광 인버터의 회로 방식의 특징을 설명하고 있는 것은?

- 소형 경량화 가능. - 절연이 가능하나 회로구성이 복잡.
- 가격경쟁력 취약.   - 이중변환으로 효율향상에 한계가 있음.
- 대용량에 적용하기 어려움.

① 저주파변압기형   ② 고주파 링크형
③ 무변압기형   ④ 고주파변압기형

해설 [태양광 인버터의 회로 방식의 특징]

구성방식	특 징
저주파변압기형	• 절연이 가능하고 회로구성이 간단, • 구조가 간단, • 소용량의 경우 효율이 낮음, • 중량이 무겁고 부피가 큼, • 대용량에 일반적으로 적용되는 방식
고주파링크형	• 소형 경량화 가능, • 절연이 가능하나 회로구성이 복잡, • 가격경쟁력 취약, • 이중 변환으로 효율향상에 한계가 있음, • 대용량에 적용하기 어려움
무변압기형	• 소형경량화 가능, • 고효율화 가능, • 가격이 타방식에 비해 저렴함, • 직류 성분 유입가능으로 고신뢰성 요구, • 대용량화가 어려움

24. 태양광 인버터의 효율 설명으로 옳지 않은 것은?

① 효율이 90%라면 10%의 전력이 전환과정에서 손실이 되었다는 것을 의미 한다.
② 효율은 입력된 전력과 출력된 전력의 비례를 일컫는다.
③ 인버터 자체의 전력소모를 감안할 때 인버터 용량에 비해 작은 부하를 연결했을 때 효율은 보다 높게 나온다.
④ 주택에서 부하가 아주 작은 시간(예를 들어 낮 시간대)이 많다.

해설 [인버터의 효율]

효율은 입력된 전력과 출력된 전력의 비례를 일컫는다. 효율이 90%라면 10%의 전력이 전환과정에서 손실이 되었다는 것을 의미 한다. 손실된 전력은 열 형태로 나타난다. 효율은 일반적으로 용량의 2/3정도에서 최고로 나타난다. 이때의 효율을 피크 효율이라고 한다.
인버터 자체의 전력소모를 감안할 때 인버터 용량에 비해 작은 부하를 연결했을 때 효율은 보다 낮게 나온다.
주택에서 부하가 아주 작은 시간(예를 들어 낮 시간대)이 많다. 이때의 효율은 50%혹은 그 이하일 수 있다.
인버터 제작업체는 부하대비 효율성을 표시하는 그래프를 제품 매뉴얼에 제시한다. 이것을 효율곡선이라고 한다.

정답 23. ② 24. ③

25. 태양광 인버터 유사 정현파의 발생에 대한 설명으로 옳지 <u>않은</u> 것은?

① 단순한 부하인 경우 적합.
② 디지털 타이밍 기능의 제품에 오작동을 초래할 수 있다.
③ 형광등이나 변압기, 선풍기 등의 전기용품의 소음을 야기시킨다.
④ 파워 콘버터의 과열방지를 한다.

해설 [유사 정현파 발생시 특징]
- 저렴하다.
- 단순한 부하인 경우 적합.
- 디지털 타이밍 기능의 제품에 오작동을 초래할 수 있다.
- 파워 콘버터의 과열을 야기할 수 있다. (예들 들어 컴퓨터 전원)
- 서지 보호기를 과열시킬 수 있다.
- 형광등이나 변압기, 선풍기 등의 전기용품의 소음을 야기시킨다.
- 모터나 변압기 같은 용품의 에너지효율을 10%이상 감소시킨다.
- 제품의 신뢰성을 저하시킨다.

26. 태양광 인버터 유사정현파 인버터(Modifide Sine Wave Inverter)의 발생에 대한 설명으로 옳지 <u>않은</u> 것은?

① 독립형 태양광발전 시스템에 적합한 인버터이다.
② 파형에 민감하지 않는 모터류, 전등, 전열기구 등에 사용.
③ 파형의 왜곡에 있어서 정격출력에 도달하면 파형이 찌그러지는 현상이 생겨 서지가 발생되고 잡음과 화상 노이즈 현상이 발생한다.
④ 변현된 파형이기 때문에 민감한 전자제품은 사용을 피하는 것이 좋다.

해설
- 정현파 인버터 (Pure Sine Wave Inverter) - 출력파형이 계통(한국전력)에서 일반 가정에 공급되는 전기의 파형을 정현파라고 부르며 이 파형의 전기는 가정에서 사용하는 교류 전기제품을 모두 사용할 수 있다. **독립형 태양광발전 시스템**이나 측정기기, 의료기기, 통신기기, 음향기기, 형광등, 컴퓨터 등 고가 정밀기기의 사용에는 정현파 인버터를 선택하여야 한다.
- 유사정현파 인버터 (Modifide Sine Wave Inverter) - 정현파와 비슷하지만 파형의 왜곡에 있어서 정격출력에 도달하면 파형이 찌그러지는 현상이 생겨 서지가 발생되고 잡음과 화상 노이즈 현상이 발생한다. 변현된 파형이기 때문에 민감한 전자제품은 사용을 피하는 것이 좋으며 이 파형으로 사용할 수 있는 제품은 파형에 민감하지 않는 모터류, 전등, 전열기구 등에 사용됩니다.

정답 25. ④ 26. ①

27. 태양광 발전시스템 시공 태양광접속함의 사용조건에 대한 내용이다. 빈칸의 내용은 무엇인가?

설치장소	옥 내
표 고	해발 1000m 이하
풍 속	최대풍속 60m/s
주위온도	-20 ~ 60℃ (동작시)
습 도	?

① 20 ~ 80% (25℃)　　② 30 ~ 80% (25℃)
③ 30 ~ 85% (25℃)　　④ 30 ~ 90% (25℃)

28. 태양광 발전시스템 인버터의 사용환경에 대한 내용이다. 빈칸의 내용은 무엇인가?

주위온도	-10℃~40℃
보존온도	(　　　　　)
주위습도	상대습도 90%RH 이하
고도진동	1,000M이하 5.9/㎧²(=0.6g)이하

① -30℃ ~ 60℃　　② -20℃ ~ 65℃
③ -10℃ ~ 80℃　　④ -20℃ ~ 70℃

29. 태양광 발전시스템 태양광접속함의 시험 종류가 아닌 것은?

① 구조 및 외관검사　　② 절연 저항 시험
③ 기구 동작 시험　　　④ 전압 시험

해설 [제품 검사 및 시험]
1) 제작 완료 후 당사 자체시험을 실시한다.
2) 시험
 - 구조 및 외관검사 - 절연 저항 시험 - 기구 동작 시험 - 내전압 시험

30. 태양광 발전시스템 공사원가계산 산출근거식이 틀린 것은?

① 공사원가라 함은 공사시공과정에서 발생한 재료비. 노무비. 경비의 합계.
② 직접재료비 = 주요재료비 + 부분품비.
③ 간접노무비 = 기본급 + 제수당 + 상여금 + 퇴직급여충당금.
④ 경비 = 공사의 시공을 위하여 소요되는 공사원가 중 재료비, 노무비를 제외한 원가.

정답 27. ④　28. ②　29. ④　30. ③

해설 [공사원가계산서 산출식]
- 공사원가라 함은 공사시공과정에서 발생한 재료비. 노무비. 경비의 합계.
    (1) 재료비 = 재료량 * 단위당가격.
        <u>직접재료비</u> = 주요재료비 + 부분품비.
        <u>간접재료비</u> = 소모재료비 + 소모공구, 기구, 비품비.
    (2) 노무비 = 노무량 * 단위당가격.
        <u>직접노무비</u> = 기본급 + 제수당 + 상여금 + 퇴직급여충당금.
        <u>간접노무비</u> = 보조작업자, 현장감독자.
    (3) 경비 = 공사의 시공을 위하여 소요되는 공사원가 중 재료비, 노무비를 제외한 원가.

31. 태양광 발전시스템 순공사원가계산 산출근거식이 틀린 것은?

① 건강보험료 = 직접노무비 × 요율
② 기타경비 = (재료비+직접노무비+간접노무비) × 요율
③ 환경보존비 = (재료비+직접노무비+산출경비) × 요율
④ 산재보험료 = 노무비 × 요율

해설 - 기타경비 = (재료비+노무비) × 요율

32. 태양광 발전시스템 설치와 관련한 1과 2의 정의로 옳은 것은?

> 1. 한국전력에 판매하는 전기의 가격을 계통한계가격 이라고 할 수 있는데요. 즉, 한전이 민간 발전사업자(태양광 발전하는 사람들)에게 지급하는 구매 단가입니다.
> 2. 정부에서 의무적으로 신재생에너지를 생산하라고 정한 발전사업자들이 있습니다. 이들은 공급인증서로 판매하게 됩니다.

① 1. SMP(System Marginal Price)   2. REC
② 1. FIT   2. RPS
③ 1. SMP(System Marginal Price)   2. RPS
④ 1. REC   2. SMP(System Marginal Price)

해설
- FIT제도는 발전차액지원제도의 줄임말입니다. 기준가격(지식경제부 장관 고시가격)과 전력거래 가격(태양광으로 생산한 전력거래 가격)의 차액을 지원해주는 제도로 현재는 시행하지 않고 RPS제도로 변경되었습니다.
- RPS제도는 일정규모 이상의 발전사업자에게 총 발전량 중 일정량 이상을 신재생에너지 전력으로 공급토록 의무화하는 제도입니다. 여기에서 공급해야하는 의무자인 발전사업자는 한국수력원자력, 남동발전, 중부발전 등 13개 발전회사인데, 이들의 공급량을 다른 태양광발전사업자를 통해 대신할 수 있습니다. 이 때, REC이라는 공급인증서를 통해 거래를 하게 됩니다.

정답 31. ② 32. ②

필기 완전정복 핵심 500문제 해설

33. UPS(Unintrruptible Power Supply System)의 구성요소가 아닌 것은?
① INPUT FILTER부   ② 인버터부(INVERTER)
③ 정류부(CONVERTER)   ④ 비상SWITCH부

해설 [UPS의 구성요소]
1) INPUT FILTER부   2) 정류부(CONVERTER)   3) 인버터부(INVERTER)
4) OUTPUT FILTER부   5) 축전지   6) STATIC SWITCH부   7) 비상바이패스부

34. UPS(Unintrruptible Power Supply System)의 구성요소중 아래 설명하는 것은?

> 구성하는 소자로는 FET 및 파워 TR, IGBT등이 있으며 소자를 구동하는 방식에서는 -PWM 및 PAM방식이 있다.

① INPUT FILTER부   ② 인버터부(INVERTER)
③ 정류부(CONVERTER)   ④ STATIC SWITCH부

해설 [인버터 부(INVERTER부)]
- 인버터부는 정류부에서 교류가 직류로 바뀌어 인버터부로 오면 다시 변환하여 직류를 교류로 (DC/AC) 변환시키는 장치이다.
- 인버터를 구성하는 소자로는 FET 및 파워 TR, IGBT등이 있으며 소자를 구동하는 방식에서는 PWM 및 PAM방식이 있다.

35. UPS(Unintrruptible Power Supply System)의 구성요소중 아래 설명하는 것은?

> - 이 부분은 인버터 후단과 바이패스 부분을 담당하여 서로 인터록이 되게 구성을 한다. 소자로는 인버터부분은 MS(전자접촉기) 바이패스부분은 SCR로 이루어진다.
> - 또한 일부분은 인버터 부분도 SCR로 구성되는 제품도 있다.
> - 이 부분은 동작은 초기 전원 투입시 상용전원이 바이패스 회로를 통해 출력으로 전원이 공급되고 인버터를 기동하면 인버터 부분이 정상적으로 기동되면 인버터 후단의 접촉기가 ON되고 바이패스 부분의 스위치가 OFF되는 식으로 운전된다.
> - 인버터 부분이 비정상적이거나 이상 발생시에는 인버터 부분이 OFF되고 바이패스 부분이 ON된다. 두 부분이 동시에 투입되면 파손의 위험이 있다.

① INPUT FILTER부   ② 인버터부(INVERTER)
③ 정류부(CONVERTER)   ④ STATIC SWITCH부

정답 33. ④   34. ②   35. ④

36. UPS(Unintrruptible Power Supply System)의 구성요소중 아래 설명하는 것은?

- 이 부분은 UPS의 최종 전단에 위치하고 있으면서 입력측으로 들어오는 나쁜 부분이나 UPS에서 입력측으로 나오는 역류고조파부분을 없에는 장치 부분이라고 생각하면 된다.
- 소용량 UPS에서는 바리스터나 캐패시터등으로 구성하여 만들기도 하고 대용량에서는 특정 고조파용 FILTER를 설계하여 부착하기도 한다.

① INPUT FILTER부
② 인버터부(INVERTER)
③ 정류부(CONVERTER)
④ STATIC SWITCH부

해설 [INPUT FILTER부]
- 이 부분은 UPS의 최종 전단에 위치하고 있으면서 입력측으로 들어오는 나쁜 부분이나 UPS에서 입력측으로 나오는 역류고조파부분을 없에는 장치 부분 이라고 생각하면된다. 소용량 UPS에서는 바리스터나 캐패시터등으로 구성하여 만들기도 하고 대용량에서는 특정 고조파용 FILTER를 설계하여 부착하기도 한다.
또한 EMI FILTER라는 시중품을 부착하기도 하고 ACTIVE FILTER라는 부분을 부착하는 경우도 있다. SCR로 구성할 때는 6펄스 방식이니 12펄스 방식이니 하며 특성에 따라 구매자가 요구하는 경향이 있다.

37. UPS(Unintrruptible Power Supply System)의 구성부분중 아래 설명하는 것은?

- 이 방식은 축전지와 인버터부분이 항상 접속되어 서로 전력을 변환하고 있다.
- 또한 상용전원부분도 같이 연계되어 있으면서 상용전원측의 정전검출 레벨 이하일 때 입력단의 절체반을 OFF하여 극히 짧은 시간에 축전지의 전원을 이용할 수가 있다.

① ON-LINE 방식
② OFF-LINE 방식
③ LINE 인터랙티브 방식
④ IN-LINE 방식

해설 [UPS는 ON-LINE 방식과 OFF-LINE 방식 LINE 인터랙티브 방식이 있다]
1) ON-LINE 방식 : 상시 인버터 방식이라고도 하며 상용전원을 컨버터 회로에 의해 직류전원으로 변환하고 변환된 직류전원은 축전지를 충전 회로를 통해 충전하며 인버터 회로를 통해 다시 교류전원으로 변환해 출력으로 보내는 방식이다.
이렇게 항상 인버터 회로를 경유해서 출력을 보내기 때문에 출력은 안정되며 높은 정밀도를 가진다.
2) OFF-LINE 방식 : 한전전원을 상용전원이라고 명명하는데 상용전원 그대로 출력으로 내보내며 축전지는 충전 회로를 통해 충전한다. 정전 발생시에는 인버터 회로를 구동시켜 축전지에 저장되어 있는 전원소스를 이용 출력으로 보내는데 이때 출력측에 있는 절체반(ATS나 RELAY)이 인버터쪽으로 전환되는데 절환 TIME(10mS정도)이 발생된다.
이 방식에서는 ON-LINE 방식과는 다르게 입력측의 상용전원이 정전검출 레벨이하로 내려가지 않으면 그때까지의 변동된 전원이 부하측인 출력으로 공급되어 출력에 영향을 줄 수 있다는 단점이 있다.

정답 36. ① 37. ③

38. 전기용품안전관리법에 의한 전기온상 등의 시설 기준이 <u>아닌 것은</u>?

① 전기온상 등에 전기를 공급하는 전로의 대지전압은 300V 이하일 것.
② 발열선 및 발열선에 직접 접속하는 전선은 전기온상선(電氣溫床線)일 것.
③ 발열선은 그 온도가 80℃를 넘지 아니하도록 시설할 것.
④ 옥내배선·옥측배선 또는 옥외배선을 꽂음 접속기 기타 이와 유사한 기구를 사용하여 접속하는 경우.

해설 [전기온상 등의 시설]
① 전기온상 등[식물의 재배 또는 양잠·부화·육추 등의 용도로 사용하는 전열장치를 말하며 전기용품안전관리법의 적용을 받는 것을 제외한다. 이하 이 조에서 같다]은 제235조제1항 또는 제3항의 규정에 준하여 시설하는 경우 이외에는 다음 각호에 의하여 시설하여야 한다.
 1. 전기온상 등에 전기를 공급하는 전로의 대지전압은 300V 이하일 것.
 2. 발열선 및 발열선에 직접 접속하는 전선은 전기온상선(電氣溫床線)일 것.
 3. 발열선 및 발열선에 직접 접속하는 전선은 손상을 받을 우려가 있는 경우에는 적당한 방호장치를 할 것.
 4. 발열선은 그 온도가 80℃를 넘지 아니하도록 시설할 것.
 5. 발열선은 다른 전기설비·약전류 전선 등 또는 수관·가스관이나 이와 유사한 것에 전기적·자기적 또는 열적인 장해를 주지 아니하도록 시설할 것.
 6. 발열선이나 발열선에 직접 접속하는 전선의 피복에 사용하는 금속체 또는 제3호에 규정하는 방호장치의 금속제 부분에는 제3종 접지공사를 할 것.
 7. 전기온상 등에 전기를 공급하는 전로에는 전용 개폐기 및 과전류 차단기를 각 극(과전류차단기는 다선식 전로의 중성극을 제외한다)에 시설할 것. 다만, <u>전기온상 등에 과전류차단기를 시설하고 또한 전기온상 등에 부속하는 이동 전선과 옥내배선·옥측배선 또는 옥외배선을 꽂음 접속기 기타 이와 유사한 기구를 사용하여 접속하는 경우에는 그러하지 아니하다.</u>

39. 전기용품안전관리법에 의한 발열선 등(공중에 시설)의 시설 기준이 <u>아닌 것은</u>?

① 발열선을 애자로 지지.
② 발열선은 사람이 쉽게 접촉할 우려가 없도록 시설할 것.
③ 발열선 상호간의 간격은 5㎝(함안에 시설하는 경우에는 10㎝) 이상일 것.
④ 발열선은 전개된 곳에 시설할 것.

해설 발열선을 공중에 시설하는 전기 온상 등은 제1항의 규정에 의하는 외에 다음 각호의 1에 의하여 시설하여야 한다.
 * 발열선을 애자로 지지하고 또한 다음에 의하여 시설할 것
  가. 발열선은 사람이 쉽게 접촉할 우려가 없도록 시설할 것. 다만, 취급자이외의 자기 출입할 수 없도록 설비된 곳에 시설하는 경우에는 그러하지 아니하다.

정답 38. ④ 39. ③

나. 발열선은 전개된 곳에 시설할 것. 다만, 목재 또는 금속제의 견고한 구조의 함(이하 이 항에서 "함"이라 한다)에 시설하고 또한 금속제 부분에 제3종 접지공사를 할 경우에는 그러하지 아니하다.

다. 발열선 상호간의 간격은 3cm(함안에 시설하는 경우에는 2cm) 이상일 것. 다만, 발열선을 함안에 시설하는 경우로서 발열선 상호간의 사이에 40cm 이하마다 절연성·난연성 및 내수성이 있는 이격물을 설치하는 경우에는 그 간격을 1.5cm까지로 감할 수 있다.

40. 전기용품안전관리법에 의한 발열선 등(공중에 시설)의 시설 기준이 아닌 것은?

① 발열선과 조영재 사이의 이격거리는 2.5cm 이상일 것.
② 발열선을 함안에 시설하는 경우에는 발열선과 함의 구성재 사이의 이격거리는 1cm 이상일 것.
③ 발열선의 지저점간의 거리는 1m 이하일 것. 다만, 발열선 상호간의 간격이 3cm이상인 경우에는 4m 이하로 할 수 있다.
④ 애자는 절연성·난연성 및 내수성이 있는 것일 것.

해설
- 발열선과 조영재 사이의 이격거리는 2.5cm 이상일 것.
- 발열선을 함안에 시설하는 경우에는 발열선과 함의 구성재 사이의 이격거리는 1cm 이상일 것.
- 발열선의 지저점간의 거리는 1m 이하일 것. 다만, 발열선 상호간의 간격이 6cm이상인 경우에는 2m 이하로 할 수 있다.
- 애자는 절연성·난연성 및 내수성이 있는 것일 것.

41. 비상콘센트설비의 기능으로 부적합한 내용으로 되어있는 것은?

① 전원회로는 3상교류 220V 또는 380V인 것과 단상교류 110V 또는 220V인 것으로 한다.
② 보호함에는 그 상부에 주전원을 감시하는 청색의 표시등을 설치한다.
③ 비상콘센트설비에 배선용 차단기 용량은 접속기 용량과 같아야 한다.
④ 단상교류 110V 또는 단상교류 220V의 것에 있어서는 접지형 2극 접속기로서 15A 이상으로 한다.

해설 - 비상콘센트설비의 기능은 다음사항에 적합하여야 한다.
(1) 전원회로는 3상교류 220V 또는 380V인 것과 단상교류 110V 또는 220V인 것으로 한다.
(2) 비상콘센트설비의 접속기 용량은 3상교류 220V 또는 3상교류 380V의 것에 있어서는 접지형 3극 접속기로서 30A 이상, 단상교류 110V 또는 단상교류 220V의 것에 있어서는 접지형 2극 접속기로서 15A 이상으로 한다.
(3) 비상콘센트설비에 배선용 차단기 용량은 접속기 용량과 같아야 한다.
(4) 보호함에는 그 상부에 주전원을 감시하는 적색의 표시등을 설치한다.

정답 40. ③ 41. ②

42. 태양광설비 공사중 현장 시험 및 검사내용으로 부적절한 것은?
   ① 각 기기 및 기구가 정상으로 견고하게 설치되어 있는지 검사한다.
   ② 절연저항시험을 한다.
   ③ 절연내력시험을 한다.
   ④ 감지회로의 소음시험을 실시한다.

   해설 – 회로의 도통시험 및 동작시험 : 감지회로의 도통시험 및 동작시험을 실시한다.

43. 기존의 연구결과에 따르면 태양전지 모듈후면 개방형보다 폐쇄형은 약 (Ⓐ) 상승하는 것으로 알려져 있고 이로 인한 출력저하는 태양전지모듈의 자체온도가 1℃ 상승함에 따라 변환효율은 (Ⓑ) 정도 떨어지며 이를 모듈 출력의 온도계수로 정의한다. 괄호안의 내용으로 알맞은 것은?
   ① Ⓐ 약 7℃ , Ⓑ 1.0%   ② Ⓐ 약 5℃ , Ⓑ 0.5%
   ③ Ⓐ 약 3℃ , Ⓑ 0.5%   ④ Ⓐ 약 1℃ , Ⓑ 2.5%

   해설 – 기존의 연구결과에 따르면 태양전지 모듈 후면 개방형보다 폐쇄형은 약 5℃ 상승하는 것으로 알려져 있고 이로 인한 출력저하는 태양전지모듈의 자체온도가 1℃ 상승함에 따라 변환효율은 0.5% 정도 떨어지며 이를 모듈 출력의 온도계수로 정의한다.

44. 아래는 태양광발전설비용어에 대한 설명이다. 무엇을 설명하는 것인가?

   – 무인경비, 설비의 이상유무 판단을 목적으로 침입.도난방지, 침입. 도난 발견, 침입.도난, 연락설비, 재해. 설비이상발견 등을 말한다.

   ① 방범시스템   ② 예방시스템
   ③ 화재경보시스템   ④ 재해시스템

45. 태양광발전설비 설계 도면 작성시 기호와 기능 표시는 본 규격서의 도면에 사용된 것과 일치하도록 하며, 본 규격서 이외의 것이 필요하면 (   )의 승인을 받고 제작해야 한다. (   )안의 내용으로 맞는 것은?
   ① 감리자   ② 인허가권자(지방자치단체)
   ③ 공사감독자   ④ 구매자

정답 42. ④ 43. ② 44. ① 45. ④

제4과목 태양광발전시스템 운영 - 예상 문제

46. 태양광 발전설비에서 "기계기구의 구조상 그 내부에 안전하게 시설할 수 있을 경우를 제외하면 모든 전선은 공칭단면적 (   ) 이상의 연동선 또는 이와 동등 이상의 세기 및 굵기의 것이어야 한다." (   )안의 내용은?

① 1.5 mm²
② 2.0 mm²
③ 2.5 mm²
④ 3.0 mm²

해설 – 기계기구의 구조상 그 내부에 안전하게 시설할 수 있을 경우를 제외하면 모든 전선은 다음과 같이 시설해야 한다.
1) 공칭단면적 2.5 mm² 이상의 연동선 또는 이와 동등 이상의 세기 및 굵기의 것이어야 한다.

47. 태양광 발전설비모듈 상호간 연결 시 케이블이나 전선은 모듈 이면에 설치된 전선관에 설치되거나 가지런히 배열 및 고정되어야 하며, 이들의 최소 굴곡반경은 각 지름의 (   ) 이상이 되도록 한다. (   )안의 내용은?

① 2배 이상
② 4배 이상
③ 6배 이상
④ 8배 이상

해설 – 케이블이나 전선은 모듈 이면에 설치된 전선관에 설치되거나 가지런히 배열 및 고정되어야 하며, 이들의 최소 굴곡반경은 각 지름의 6배 이상이 되도록 한다.

48. 아래 태양광 설비의 용어에 대한 정의내용이 잘못된 것은?

① 접속함이란 각 어레이별로 모아서 접속하는 것으로 태양광인버터와 연결하기 위한 역할과 안전 보호 기능까지 겸하는 장치를 말한다.
② 단자함 재질은 PVC, STEEL로 구분되나 염해 및 부식우려 지역은 SUS304, SUS316으로 구분한다.
③ 분산형 전원이란 신재생에너지와 같이 계통과 병렬 또는 분리되어 독립적으로 운전되는 발전설비를 말한다.
④ 센트럴방식이란 시스템 구성 시 모듈 어레이 구성시 대용량 소량의 인버터(예: 100kW, 250kW)를 적용해서 시스템을 구성하는 방식.

해설 – 접속함 재질은 PVC, STEEL로 구분되나 염해 및 부식우려 지역은 SUS304, SUS316으로 구분한다.

정답 46. ③ 47. ③ 48. ②

49. 태양광발전시스템 설치후 시운전시 측정시험에 따른 내용이다. 각 측정 시험치에 대한 내용으로 옳은 것은?

> – 태양전지 어레이의 접지저항이 (Ⓐ)Ω이하(D접지의 경우)인 것을 확인하는 것부터 시작해서, 절연 저항은 태양전지–접지간 (Ⓑ)MΩ 이상, 접속상자 출력 단자–접지간이 1MΩ 이상, 파워 컨디셔너 입력단자–접지간이 (Ⓒ)MΩ 이상인 것을 확인해야 합니다.

① Ⓐ 100   Ⓑ 0.2   Ⓒ 1
② Ⓐ 110   Ⓑ 0.2   Ⓒ 1
③ Ⓐ 100   Ⓑ 0.1   Ⓒ 2
④ Ⓐ 110   Ⓑ 0.2   Ⓒ 2

해설 – 측정시험

태양전지 어레이의 접지저항이 <u>100Ω 이하</u>(D접지의 경우)인 것을 확인하는 것부터 시작해서, 절연 저항은 태양전지–접지간 <u>0.2MΩ</u> 이상, 접속상자 출력 단자–접지간이 1MΩ 이상, 파워 컨디셔너 입력단자–접지간이 <u>1MΩ</u> 이상인 것을 확인해야 한다.
또한 접속상자의 개방전압이 규정 이상일 것, 각 회로의 극성이 바르게 되어 있을 것, 파워 컨디셔너의 수전 전압이 규정 이내일 것 등도 확인하지 않으면 안된다.

50. 태양광발전시스템 설치후 태양광 발전설비의 유지관리 청소에 관한 내용으로 <u>어긋나는</u> 것은?

① 모듈표면은 특수 처리된 강화 유리로 되어 있어, 강한 충격이 있을시 파손될 수 있다.
② 황사나 먼지, 공해물질은 발전량감소의 주요 요인으로 작용한다.
③ 모듈 표면 온도가 높을수록 발전효율이 저하됨으로 태양열에 의하여 모듈 온도 상승시에 정기적으로 물을뿌려 온도를 조절해 주면 발전 효율을 높일 수 있다.
④ 풍압이나 진동으로 인하여 모듈과 형강의 체결 부위가 느슨해지는 경우가 철저한 공사초기에 마감을 잘해야 유지된다.

해설 – 풍압이나 진동으로 인하여 모듈과 형강의 체결 부위가 느슨해지는 경우가 있으므로 <u>정기적으로 점검해야 한다.</u>

정답 49. ① 50. ④

51. 태양광발전시스템 설치후 태양광발전설비의 사후관리에 관한 내용으로 어긋나는 것은?

① 모듈 표면에 황사 및 이물질이 많이 쌓이면 발전 효율을 저하시키는 요인이 될 수 있다. 헝겊이나 물을 이용하여 모듈 표면을 닦아주면 보다 좋은 효율을 얻을 수 있다.
② 정기적으로 인버터나 계량기를 통해 시스템의 작동여부 확인이 필요하다.
③ 태풍이나 폭우등 설치된 모듈에 영향을 줄 수 있는 상황 발생 전, 후 모듈의 간격 상태를 점검이 필요하다.
④ 태양광 인버터의 기능 및 상태를 스스로 점검하여 현재의 동작 상황 과 이상이 발생할 경우에 에러 내용을 기록하고, 적절한 동작을 실행 하여 최적의 상태를 유지한다.

해설 [태양광 발전 설비 운영상태 등]
- 인버터 자기진단 기능
  태양광 인버터의 기능 및 상태를 스스로 점검하여 현재의 동작 상황 과 이상이 발생할 경우에 에러 내용을 기록하고, 적절한 동작을 실행 하여 최적의 상태를 유지한다.
- 인버터 시스템 태의 50여 가지 정보를 항상 순시적으로 점검하여 동작의 이상 유무 판별 및 상황 대처를 하여 항상 정상 운전상태 를 유지한다.
- 인버터 시스템 초기 기동시부터 발생한 모든 운전사항과 이상발생 내용을 발생일시와 함께 기억하여 사고 분석이 용이하다.

52. 파워컨디셔너(인버터)성능에 대한 사양으로 어긋나는 것은?

① 접속방식 : 3상 4선식
② 전압정도(자립운전시) : ±5% 이내
③ 과부하내량 : 110% 이상
④ 정격역률(연계운전시) : 0.95 이상

해설 – 파워컨디셔너(인버터)성능은 다음을 고려하고, 이외 사항은 공사시방서에 의한다.
① 직류입력(운전전압범위).
② 교류출력전압(3상).
③ 접속방식 : 3상 4선식.
④ 전압정도(자립 운전시) : ±10% 이내.
⑤ 주파수정도(자립 운전시) : ±0.1Hz 이내(계통운전보호 기능 일체형은 ±1Hz 이내).
⑥ 출력전압왜형률(자립 운전시) : 종합 5%(단, 선형정격 부하 접속시) 이하.
⑦ 과부하내량 : 110% 이상.
⑧ 출력전류 왜형률(연계 운전시) : 종합 5%(정격출력시)이하, 각차 3%(정격출력시) 이하.
⑨ 정격역률(연계 운전시) : 0.95 이상.
⑩ 출력전압 불평형률(자립 운전시) : 10%(평형부하시) 이하.

정답 51. ④ 52. ②

53. 태양광 발전장치시스템에 대한 용어 정의내용이다. (   )안의 내용은?

(   )란 전력량계로 고압이상의 전기회로의 전기사용량을 적산하기 위하여 고전압과 대전류를 저전압과 소전류로 변성하는 장치를 말한다.

① MOF(Metering Out Fit) : 계기용 변압 변류기
② 써지프로텍트(SPD)
③ 다이리스터
④ 역류방지소자

54. 태양광 발전장치시스템에 대한 용어 정의내용이다. (   )안의 내용은?

(   )란 전선들을 연속적으로 포설하여, 전선들이 떨어지지 않도록 하는 사이드 레일이 있고 커버가 없는 것을 말한다.

① MOF(Metering Out Fit) : 계기용 변압 변류기
② 써지프로텍트(SPD)
③ 다이리스터
④ 트레이(TRAY)

55. 태양광 발전장치시스템에 대한 용어 정의내용이다. (   )안의 내용은?

(   )란 부하전류를 개폐함과 동시에 이상상태 발생 시에 신속히 회로를 차단하고 회로에 접속된 전기기기, 전선로를 보호하고 안전하게 유지하는 것을 말한다.

① 변류기   ② 차단기   ③ 정류기   ④ 트레이(TRAY)

56. 분전함의 구성기기가 아닌 것은?

① 바이패스 다이오드
② 서지 프로텍터 (SPD)
③ 메인 차단기
④ 스트링 직류 휴즈

해설 - 바이패스 다이오드는 모듈의 J/BOX에 있음.

정답 53. ① 54. ④ 55. ② 56. ①

57. 태양광 발전설비 설치공사에서 감전방지 대책이 아닌 것은?
① 절연처리된 공구사용
② 모듈표면에 차광시트(검은천 사용) 설치
③ 저압 선로용 절연장갑 착용
④ 접지선 단자 제거

58. 태양광 발전소를 기획하고 설계하고자 한다. 설계자를 누구를 선정하여야 하는가?
① 시공자 ② 공공기관
③ 전력기술법에 의해 등록된 설계업자 ④ 컨설턴트

59. 태양전지판에서 인버터 입력단간 및 인버터 출력단과 계통연계점간의 전압강하는 각 몇 %를 초과하면 안 되는가(60m 이내 기준)?
① 3% ② 5% ③ 6% ④ 7%

해설

전선길이	전압강하
120m 이하	5%
200m 이하	6%
200m 초과	7%

60. 태양전지 어레이 육안 점검항목이 아닌 것은?
① 파손 유무 ② 방수처리
③ 부식 및 녹이 없을 것 ④ 볼트 및 너트의 풀림이 없을 것

해설

설 비		점 검 항 목	점 검 요 령
태양전지 어레이	육안 점검	표면의 오염 및 파손	오염 및 파손의 유무
		프레임 파곤 및 변형	파손 및 두드러진 변형이 없을 것
		가대의 부식 및 녹 발생	부식 및 녹이 없을 것 (녹의 진행이 없고, 도금 강판의 끝부분은 제외)
		가대의 고정	볼트 및 너트의 풀림이 없을 것
		가대접지	배선공사 및 접지접속이 확실할 것
		코킹	코킹의 망가짐 및 불량이 없을 것
		지붕재의 파손	지붕재의 파손, 어긋남, 뒤틀림, 균열이 없을 것
	측정	접지저항	접지저항 100Ω 이하 (제3종접지)

정답 57. ④ 58. ③ 59. ② 60. ②

61. 태양전지 어레이 측정 점검항목의 설명으로 옳은 것은?

① 접지저항 100 Ω 이하
② 접지저항 100 Ω 이상
③ 제 1종접지
④ 제 2종접지

해설

설비		점검항목	점검요령
태양전지 어레이	육안 점검	표면의 오염 및 파손	오염 및 파손의 유무.
		프레임 파괴 및 변형	파손 및 두드러진 변형이 없을 것.
		가대의 부식 및 녹 발생	부식 및 녹이 없을 것. (녹의 진행이 없고, 도금 강판의 끝부분은 제외)
		가대의 고정	볼트 및 너트의 풀림이 없을 것.
		가대접지	배선공사 및 접지접속이 확실할 것.
		코킹	코킹의 망가짐 및 불량이 없을 것.
		지붕재의 파손	지붕재의 파손, 어긋남, 뒤틀림, 균열이 없을 것.
	측정	접지저항	접지저항 100Ω 이하(제3종접지).

62. 접속함 육안 점검항목이 아닌 것은?

① 외함의 부식 및 파손
② 방수처리
③ 전력량계
④ 배선의 극성

해설

		점검항목	점검요령
중간단자함 (접속함)	육안 점검	외함의 부식 및 파손	부식 및 파손이 없을 것.
		방수처리	전선 인입구가 실리콘 등으로 방수처리 되어 있을 것.
		배선의 극성	태양전지에서 배선의 극성이 바뀌어 있지 않을 것.
		단자대 나사의 풀림	확실하게 취부되고 나사의 풀림이 없을 것.
	측정	접지저항 (태양전지-접지간)	0.2Ω 이상 측정전압 DC500V (각 회로마다 전부 측정)
		절연저항 (중간 단자함 출력단자-접지간)	1MΩ 이상 측정전압 DC500V.
		개방전압 및 극성	규정의 전압이어야하고 극성이 올바를 것. (각 회로마다 모두 측정)

63. 접속함 측정 점검항목이 아닌 것은?

① 접지저항   ② 절연저항   ③ 수전전압   ④ 개방전압 및 극성

정답 61. ① 62. ③ 63. ③

[해설]

중간단자함 (접속함)	육안 점검	외함의 부식 및 파손	부식 및 파손이 없을 것.
		방수처리	전선 인입구가 실리콘 등으로 방수처리 되어 있을 것.
		배선의 극성	태양전지에서 배선의 극성이 바뀌어 있지 않을 것.
		단자대 나사의 풀림	확실하게 취부되고 나사의 풀림이 없을 것.
	측정	접지저항 (태양전지-접지간)	0.2Ω 이상 측정전압 DC500V. (각 회로마다 전부 측정)
		절연저항 (중간 단자함 출력단자 - 접지간)	1MΩ 이상 측정전압 DC500V.
		개방전압 및 극성	규정의 전압이어야하고 극성이 올바를 것. (각 회로마다 모두 측정)

64. 인버터 육안 점검항목이 아닌 것은?

① 외함의 부식 및 파손　② 취부　③ 배선의 극성　④ 코킹

[해설]

육안 점검	외함의 부식 및 파손	부식 및 파손이 없을 것.
	취 부	견고하게 고정되어 있을 것. 유지보수에 충분한 공간이 확보되어 있을 것. 옥내용 : 과도한 습기, 기름 습기, 연기, 부식성 가스, 가연가스, 먼지, 염분, 화기 등이 존재하지 않는 장소일 것. 옥외용 : 눈이 쌓이거나 침수의 우려가 없을 것. 화기, 가연가스 및 인화물이 없을 것.
육안 점검	배선의 극성	P는 태양전지(+), N은 태양전지 (-) U,O는 계통측 배선(단상 3선식 220V)[(O는 중성선)U-O,O-W간 220V] 자립운전의 배선은 전용 콘센트 또는 단자에 의해 전용배선으로 하고 용량은 15A 이상일 것.
	단자대 나사의 풀림	확실하게 취부되고 나사의 풀림이 없을 것.
	접지단자와의 접속	접지와 바르게 접속되어 있을 것. (접지봉 및 인버터 '접지단자'와 접속)

65. 인버터 측정 점검항목이 아닌 것은?

① 절연저항　② 접지저항　③ 수전전압　④ 개방전압

정답 64. ④　65. ④

해설

측정	절연저항 (인버터 입출력단자 – 접지간)	1MΩ 이상 측정전압 DC500V
	접지저항	접지저항 100Ω 이하 (제3종접지)
	수전전압	주회로 단자대 U-O, O-W 간은 AC 200±13V일 것 (수전전압이 높으면 출력전력 억제하기 쉽도록 유의)

66. 시스템 운전 및 정지에 대한 점검항목이 아닌 것은?

① 자립운전
② 표시부의 동작확인
③ 스위치 오염상태
④ 투입저지 시한 타이머 동작시험

해설

운전 . 정지	조작 및 육안 점검	보호계전기능의 설정	전력회사 정정치를 확인할 것.
		운전	운전스위치 '운전'에서 운전할 것.
		정지	운전스위치 '정지'에서 정지할 것.
		투입저지 시한 타이머 동작시험	인버터가 정지하여 5분 후 자동 기동할 것.
		자립운전	자립운전에 절환할 때 자립운전용 콘센트에서 제조업자 규정전압이 출력될 것.
		표시부의 동작확인	표시가 정상으로 표시되어 있을 것.
		이상음 등	운전 중 이상음, 이상진동, 악취 등의 발생이 없을 것.
	측정	발전전압 (태양전지전압)	태양전지의 동작전압이 정상일 것. (동작전압 판정 일람표에서 확인)

67. 태양광발전시스템의 정기점검 사항이 아닌 것은?

① 100kw 미만의 경우 매년 1회.
② 100kw 미만의 경우 매년 2회이상.
③ 100kw 이상의 경우는 격월 1회.
④ 3kw 미만의 소출력은 법적으로 정기점검하지 않아도 된다.

해설 * 정기점검

정기점검의 주기는 법에서 정한 용량별로 횟수가 정해져 있다. 100kW미만의 경우는 매년 2회 이상, 100kW이상 (1000kW 미만)의 경우는 격월 1회로 되어있다. 한편, 일반 가정 등에 설치되는 3kW미만의 소출력 태양광발전시스템의 경우에는 일반용 전기설비로 자리매김 되어 있어서 법적으로는 정기점검을 하지 않아도 되지만 자주적으로 점검하는 것이 바람직하다.

점검 시험은 원칙적으로 지상에서 하지만 개별 시스템에서의 설치환경 그 외의 이유에 따라 점검자가 필요하다고 판단한 경우에는 안전을 확인하고 지붕이나 옥상위에서 점검을 실시한다. 만약에 이상이 발견되면 제작사나 전문기술자에게 기술자문을 받는 것이 중요하다.

정답 66. ③ 67. ①

68. 태양전지 어레이 정기점검 사항중 절연저항 측정기준으로 태양전지 접지선간의 값으로 옳은 것은?

① 0.2 Ω 이상 DC500 V
② 0.5 Ω 이상 DC500 V
③ 1 MΩ 이상 DC500 V
④ 1 MΩ 이하 DC500 V

해설

측정 및 시험	절연저항	(태양전지-접지선) 0.2Ω 이상 측정전압 DC500V (각 회로마다 전부 측정) (출력단자-접지간) 1MΩ 이상 측정전압 DC500V
	개방전압	규정의 전압일 것 극성이 올바를 것(회로마다 전부 측정)

69. 태양광발전시스템의 태양전지 어레이 개방전압 측정요령으로 옳은 것은?

① 접속함의 출력개폐기를 OFF한다.
② 접속함의 각 스트링 단로 스위치를 모두 ON한다.
③ 접속함의 측정하는 스트링 단로 스위치만 OFF한다.
④ 접속함의 측정하는 스트링 단로 스위치를 모두 OFF한다.

해설 ① 시험기재 : 직류전압계 (테스터)
② 개방전압 측정회로
③ 측정순서
접속함의 출력개폐기를 OFF한다.
접속함의 각 스트링 단로스위치를 모두 OFF 한다.(단로 스위치가 있는 경우)
각 모듈이 그늘로 되어있지 않은 것을 확인한다.
(각 모듈의 균일한 일조조건에 되기 쉬운 약간 흐림이라는 평가를 하기 쉽다. 단, 아침 저녁의 작은 일사조건은 피한다.)
측정하는 스트링의 단로스위치만 ON하여 (단로스위치가 있는 경우),
직류전압계로 각 스트링의 P-N단자간의 전압을 측정한다.
테스터를 이용한 경우 실수하여 전류측정 범위로 하면 단락전류가 흐를 위험이 있기 때문에 주의를 해야 한다.

정답 68. ① 69. ①

70. 절연저항의 측정기준에서 절연저항치 범주가 아닌 것은?

① 400 V 이하 0.4 MΩ 이상.
② 대지전압 150 V이하 경우 0.1 MΩ 이상.
③ 대지전압이 150 V 초과 300 V 이하인 경우 0.2 MΩ 이상.
④ 사용전압이 300 V 초과 400 V 미만인 경우 0.3 MΩ 이상.

해설

전로의 사용전압 구분		절연저항치[MΩ]
400V 미만	대지전압(접지식 전로는 전선과 대지간의 전압, 비접지식 전로는 전선 간의 전압을 말한다. 이하 같다(150V 이하 같다)의 150V이하 경우	0.1 이상
	대지전압이 150V초과 300V 이하인 경우 (전압측 전선과 중선선 또는 대지간의 절연저항)	0.2 이상
	사용전압이 300V초과 400V 미만	0.3 이상
400V 이상		0.4 이상

71. 태양전지 어레이 회로의 절연내압 측정에 대한 설명으로 옳은 것은?

① 최대사용전압의 1.5배 직류전압을 10분간 인가하여 절연파괴 등 이상 확인.
② 최대사용전압의 2.5배 직류전압을 10분간 인가하여 절연파괴 등 이상 확인.
③ 최대사용전압의 3.5배 직류전압을 10분간 인가하여 절연파괴 등 이상 확인.
④ 최대사용전압의 4.5배 직류전압을 10분간 인가하여 절연파괴 등 이상 확인.

해설 – 태양전지 어레이 회로
절연저항측정과 같은 회로조건으로서 표준태양전지 어레이 개방전압을 최대사용전압으로 간주하여 최대사용전압의 1.5배의 직류전압 혹은 1배의 교류전압(500V미만일 또는 500V)을 10분간 인가하여 절연파괴 등의 이상이 발생하지 않는 것을 확인한다.
아울러 태양전지 스트링의 출력회로에 삽입되어 있는 피로소자는 절연시험 회로에서 분리시키는 것이 일반적이다.

72. 태양전지 인버터 회로의 절연내압 측정에 대한 설명으로 옳은 것은?

① 최대사용전압의 1.5배 직류전압을 10분간 인가하여 절연파괴 등 이상 확인.
② 최대사용전압의 2.5배 직류전압을 10분간 인가하여 절연파괴 등 이상 확인.
③ 최대사용전압의 3.5배 직류전압을 10분간 인가하여 절연파괴 등 이상 확인.
④ 최대사용전압의 4.5배 직류전압을 10분간 인가하여 절연파괴 등 이상 확인.

정답 70. ① 71. ① 72. ①

해설 - 인버터의 회로

절연저항측정과 같은 회로조건으로서 또한 시험 전압은 태양전지 어레이 회로의 절연내압시험의 경우와 같이 시험전압을 10분간 인가하여 절연파괴 등의 이상이 생기지 않는 것을 확인한다. 단, 인버터 내에는 서지업 서버 등 접지되어 있는 부품이 있기 때문에 제조사에서 지시하는 방법으로 실시한다.

73. 유지보수에서 점검주기의 종류가 아닌 것은?

① 순시점검　　② 정기점검　　③ 임시점검　　④ 정밀점검

해설 * 유지보수 절차
- 점검주기
  1) 일상 순시점검
     - 일상 순시점검은 유지보수 요원의 감각에 의거하여 점검하는 방식으로 시각점검, 비정상적인 소리, 냄새, 손상 등을 시설물 외부에서 점검 항목의 대상항목에 따라서 점검을 실시한다.
     - 이상 상태를 발견한 경우에는 시설물의 문을 열고 이상의 정도를 확인.
     - 이상상태가 직접 운전을 하지 못할 정도로 전개되는 경우를 제외하고는 이상 상태의 내용을 기록하여 정기점검시에 운영하는 기초data로 활용 한다.
  2) 정기 점검
     - 원칙적으로 정전을 시키고, 무전압 상태에서 기기의 이상상태를 점검하고 필요에 따라서는 기기를 분해하여 점검.
     - 태양광 발전 출력이 계통에 연계되어 운영중인 상태에서 점검할 경우에는 안전사고가 일어나지 않도록 주의.
  3) 임시 점검
     - 일상 순시점검 등에서 이상이 발견한 경우 및 사고가 발생할 경우 점검.
     - 대형 사고시 각부의 사고의 영향확인 및 발전출력에 영향을 줄 수 있는 설비 등을 점검.

74. 송변전설비의 점검주기의 방법이 아닌 것은?

① 무정전 상태에서는 점검하지 않는다.
② 점검주기는 일상순시점검, 정기점검, 일시점검등이 있다.
③ 모선정전의 심각한 사고방지를 위해 3년에 1번정도 점검하는 것이 좋다.
④ 무정전 상태에서도 문을 열고 점검할 수 있으며 1개월에 1회정도는 문을 열고 점검하는 것이 좋다.

정답 73. ④　74. ①

해설 (1) 점검의 분류와 점검주기

점검을 위해서는 제약조건이 필요하며 제약조건과 점검에 대한 사항은 다음과 같다.

점검의 분류 \ 제약조건	문의 개폐	커버류의 분류	무정전	회로 정전	모선 정전	차단기 인출	점검 주기
일상순시점검	−	−	O	−	−	−	매일
	O	−	O	−	−	−	1회/월
정기점검	O	O	−	O	−	O	1회/6개월
	O	O	−	O	O	O	1회/3년
일시점검	O	O	−	O	O	O	−

1. 점검주기는 대상기기의 환경조건, 운전조건, 설비의 중요성, 경과연수 등에 의하여 영향을 받기 때문에 상기에 표시된 점검주기를 고려하여 선정한다.
2. 무정전의 상태에서도 문을 열고 점검할 수 있으며, 1개월에 1회 정도는 문을 열고 점검하는 것이 좋다.
3. 모선 정전의 기회는 별로 없으나 심각한 사고를 방지하기 위해 3년에 1번 정도 점검하는 것이 좋다.

75. 태양전지 어레이의 개방전압 측정 방법이 아닌 것은?

① 태양전지 어레이의 표면을 청소하지 않는다.
② 남쪽에 있을 때의 전후 1시간에 실시하는 것이 바람직하다.
③ 각 스트링의 측정은 안정된 일사강도가 얻어질 때 하도록 한다.
④ 측정시각은 일사강도, 온도의 변동을 극히 적게 하기 위하여 맑을 때 한다.

해설 개방전압을 측정할 때 유의해야 할 사항을 들면 다음과 같은 것이 있다.
- 태양전지 어레이의 표면을 청소하는 것이 필요하다.
- 각 스트링의 측정은 안정된 일사강도가 얻어질 때 하도록 한다.
- 측정시각은 일사강도, 온도의 변동을 극히 적게 하기 위하여 맑을 때, 남쪽에 있을 때의 전후 1시간에 실시하는 것이 바람직하다.
- 태양전지는 비오는 날에도 미소한 전압을 발생하고 있으므로 매우 주의하여 측정해야 한다.

76. 태양광발전시스템의 태양전지 어레이 정기점검 사항중 절연저항 측정 기자재가 아닌 것은?

① 스위치   ② 온도계   ③ 습도계   ④ 절연저항계

해설 − 절연저항의 측정
태양광발전시스템의 각 부분의 절연상태는 발전하기 전에 충분히 확인할 필요가 있다.

정답 75. ① 76. ①

운전개시나 정기점검의 경우는 물론 사고 시에도 불량개소의 판정을 하고자 하는 경우에 실시한다. 운전개시에 측정된 절연 저항치값 그 후의 절연 상태의 data를 판단을 하는 것이기 때문에 측정 결과를 기록하며 보관해 두어야 한다.

* 태양전지 회로

  태양전지는 낮에 전압을 발생하고 있고 때문에 사전에 유의 하여 절연저항을 측정해야 하며, 이와 같은 상태에서 절연저항 측정에 적당한 측정 장치가 개발되기까지는 다음의 방법으로 절연저항을 측정하는 것을 추천한다.

  측정할 때는 뇌뢰보호를 위해서 어레스터 등의 피뢰소자가 태양전지 어레이의 출력단에 설치되어 있는 경우가 많으므로 측정시 그런 소자들의 접지측을 분리시킨다.

  또한 절연 저항은 기온이나 습도에 영향을 받기 때문에 절연저항 측정시 기온, 온도 등의 기록도 측정치의 기록과 동시에 기록하여둔다.

  아울러 우천시나 비가 갠 직후의 절연저항의 측정은 피하는 것이 좋다.

  – 시험기재 : 절연저항계(메가), 온도계, 습도계, 단락용 계폐기

77. 태양전지 어레이 점검항목에서 점검요령이 잘못된 것은?

① 프레임 파손 및 두드러진 변형이 없을 것.
② 가대의 부식 및 녹이 없을 것.
③ 볼트 및 너트의 풀림이 없을 것.
④ 코킹의 약간의 망가짐 불량이 있을 것.

해설

태양전지 어레이	육안 점검	표면의 오염 및 파손	오염 및 파손의 유무.
		프레임 파곤 및 변형	파손 및 두드러진 변형이 없을 것.
		가대의 부식 및 녹 발생	부식 및 녹이 없을 것. (녹의 진행이 없고, 도금 강판의 끝부분은 제외)
		가대의 고정	볼트 및 너트의 풀림이 없을 것.
		가대접지	배선공사 및 접지접속이 확실할 것.
		코킹	코킹의 망가짐 및 불량이 없을 것.
		지붕재의 파손	지붕재의 파손, 어긋남, 뒤틀림, 균열이 없을 것.
	측정	접지저항	접지저항 100Ω 이하 (제3종접지).

78. 태양전지 접속함 점검항목에서 육안검사 점검요령이 잘못된 것은?

① 외함의 파손 및 부식이 없을 것.
② 전선 인입구가 실리콘 등으로 방수처리 되어 있을 것.
③ 태양전지에서 배선의 극성이 바뀌어 있지 않을 것.
④ 단자대 나사의 약간의 풀림이 있어야 할 것.

정답 77. ④ 78. ④

해설

중간단자함 (접속함)	육안 점검	외함의 부식 및 파손	부식 및 파손이 없을 것.
		방수처리	전선 인입구가 실리콘 등으로 방수처리 되어 있을 것.
		배선의 극성	태양전지에서 배선의 극성이 바뀌어 있지 않을 것.
		단자대 나사의 풀림	확실하게 취부되고 나사의 풀림이 없을 것.
	측정	접지저항 (태양전지-접지간)	0.2Ω 이상 측정전압 DC500V. (각 회로마다 전부 측정)
		절연저항(중간 단자함 출력단자-접지간)	1MΩ 이상 측정전압 DC500V.
		개방전압 및 극성	규정의 전압이어야 하고 극성이 올바를 것. (각 회로마다 모두 측정)

79. 태양전지 접속함 점검항목에서 측정검사 점검요령이 잘못된 것은?

① 접지저항은 0.2Ω 이상 측정전압 DC500 V.
② 절연저항은 1MΩ 이상 측정전압 DC500 V.
③ 개방전압은 규정전류이여야 하며 극성은 반대일 것.
④ 개방전압은 규정전압이여야 하며 극성은 반대일 것.

해설

중간단자함 (접속함)	육안 점검	외함의 부식 및 파손	부식 및 파손이 없을 것.
		방수처리	전선 인입구가 실리콘 등으로 방수처리 되어 있을 것.
		배선의 극성	태양전지에서 배선의 극성이 바뀌어 있지 않을 것.
		단자대 나사의 풀림	확실하게 취부되고 나사의 풀림이 없을 것.
	측정	접지저항 (태양전지-접지간)	0.2Ω 이상 측정전압 DC500V. (각 회로마다 전부 측정)
		절연저항(중간 단자함 출력단자-접지간)	1MΩ 이상 측정전압 DC500V.
		개방전압 및 극성	규정의 전압이어야 하고 극성이 올바를 것. (각 회로마다 모두 측정)

80. 태양전지 인버터 점검항목에서 취부의 내용이 잘못된 것은?

① 견고하게 고정되어 있을 것.
② 유지보수에 충분한 공간이 확보되어 있을 것.
③ 옥내용은 과도한 습기, 기름 습기, 연기, 부식성 가스, 가연가스.
④ 옥외용은 특별히 관리할 사항이 없다.

정답 79. ④ 80. ④

해설

인버터	육안 점검	외함의 부식 및 파손	부식 및 파손이 없을 것.
		취 부	견고하게 고정되어 있을 것. 유지보수에 충분한 공간이 확보되어 있을 것. 옥내용 : 과도한 습기, 기름 습기, 연기, 부식성 가스, 가연가스, 먼지, 염분, 화기 등이 존재하지 않는 장소일 것. 옥외용 : 눈이 쌓이거나 침수의 우려가 없을 것. 화기, 가연가스 및 인화물이 없을 것.

81. 태양광발전용 개폐기에 표시로 맞는 것은?

① 태양광발전용   ② 태양열발전용   ③ 태양광운전용   ④ 태양열운전용

해설

그 외 태양광 발전용 개폐기, 전력량계, 인입구, 개폐기 등	육안 점검	전력량계	발전사업자의 경우 전력회사에서 지급한 전력량계 사용
		주간선 개폐기(분전반 내)	역접속 가능형으로서 볼트의 흔들림이 없을 것
		태양광발전용 개폐기	'태양광발전용'이라 표시되어 있을 것

82. 태양광발전 점검방법과 시험방법중 틀린 것은?

① 외관검사
② 운전상황의 확인
③ 절연전류의 측정
④ 태양전지 어레이의 출력 확인

해설 (1) 외관검사
(2) 배선 케이블 등의 점검
(3) 운전상황의 점검
(4) 태양전지 어레이의 출력 확인
(5) 개방전압의 측정
(6) 평가
(7) 단락전류의 확인

83. 전기안전기술지침에 사용되는 용어와 내용이 맞지 않는 것은?

① 운전이란 임의의 시점에서 태양광 발전설비나 인버터가 가동하는 방식이나 상태를 말한다.
② 일조강도란 단위시간동안 표면의 단위면적에 입사되는 태양에너지를 말한다.
③ 스트링(string)이란 태양전지 모듈이 전기적으로 접속된 하나의 직렬군을 말한다.

정답 81. ① 82. ③ 83. ④

필기 완전정복 핵심 500문제 해설

④ 전기사업용전기설비란 전기사업법 제2조 제19호에 정하는 전기설비로서 전기사업용 전기설비 및 일반용전기설비 외의 전기설비를 말한다.

해설
- 자가용전기설비란 전기사업법 제2조 제19호에 정하는 전기설비로서 전기사업용전기설비 및 일반용전기설비 외의 전기설비를 말한다.
- 전기사업용전기설비란 전기사업법 제2조 제17호에 정하는 전기설비로서 전기설비 중 전기사업자가 전기사업에 사용하는 전기설비를 말한다.

84. 전기안전기술지침에 사용되는 용어와 내용이 맞지 <u>않는</u> 것은?

① 전압강하란 접속함에서 인버터에 이르는 직류 전로에서 발생하는 전 압차를 말하며 저항에 흐르는 전류에 의해 강하하는 전압을 말한다.
② 절연시험이란 모듈에서 전류가 흐르는 부품과 모듈 테두리나 외부 사 이에서 충분히 절연되어 있는지를 측정하기 위한 시험을 말한다.
③ 태양광 발전소란 태양광 발전시스템을 이르는 다른 말이다.
④ 혼합형 태양광 발전시스템이란 독립형과 계통연계형을 혼합한 시스템으로서 태양광 발전전력을 야간에 사용하고 주간에는 잉여전력을 충전하여 사용하는 태양광 발전시스템을 말한다.

해설 – 혼합형 태양광 발전시스템이란 독립형과 계통연계형을 혼합한 시스템으로서 태양광 발전전력을 <u>주간</u>에 사용하고 <u>야간</u>에는 잉여전력을 충전하여 사용하는 태양광 발전시스템을 말한다.

85. 2030년 국내 신재생에너지 공급비중(목표)으로 맞는 것은?

① 9%   ② 10%   ③ 11%   ④ 12%

해설 OECD 34개국 중 한국은 신재생에너지 공급 비중이 가장 낮은 바(IEA), 정부는 2015년까지 세계 5대 신재생에너지 강국 진입, 2030년까지 <u>신재생에너지 비중 11%</u>를 목표로 관련 정책을 추진 중이다.

86. 모듈의 시각적 결함을 찾아내기 위한 검사로 육안검사가 있다. 그 내용으로 틀린 것은?

① 태양전지와 모듈 테두리 사이에 기포나 박리 현상이 생겨 연속된 통로가 형성된 것.
② 1000lux 이상의 밝은 조명 아래에서 육안으로 모듈의 성능을 떨어뜨리거나 나쁜 영향을 미칠 수 있는 결함의 유무를 주의 깊게 살펴보아야 한다.
③ 단말 처리가 잘못 되었거나 전기적으로 활성인 부품이 노출된 것.
④ 태양전지끼리 닿아 있지 않거나 태양전지가 모듈 테두리 (frame)에 닿아 있는 것.

정답 84. ④ 85. ③ 86. ④

해설 육안 검사 ; visual inspection

모듈의 시각적 결함을 찾아내기 위한 검사로서, 1000lux 이상의 밝은 조명 아래에서 육안으로 모듈의 성능을 떨어뜨리거나 나쁜 영향을 미칠 수 있는 다음과 같은 결함의 유무를 주의 깊게 살펴보아야 한다.
- 모듈 표면이 금이 가거나, 휘어지거나, 찢겨진 것 또는 태양전지 배열이 흐트러진 것.
- 깨진 태양전지가 있는 것.
- 금이 간 태양전지가 있는 것.
- 결선이나 연결이 잘못된 것.
- 태양전지끼리 닿아 있거나 태양전지가 모듈 테두리 (frame)에 닿아 있는 것.
- 태양전지와 모듈 테두리 사이에 기포나 박리 현상이 생겨 연속된 통로가 형성된 것.
- 합성수지 소재의 표면이 (처리 결함으로) 끈적끈적한 것.
- 단말 처리가 잘못 되었거나 전기적으로 활성인 부품이 노출된 것.
- 기타 모듈의 성능에 영향을 끼칠 수 있는 조건을 가진 것.

87. 태양광관련 용어에 대한 설명으로 틀린 것은?

① Power Park : 태양광과 풍력 등 신·재생에너지와 연료전지가 결합된 청정에너지 단지.
② pellet : 나무의 목재를 딱딱한 입자상으로 성형연료화한 것으로 사용법과 연소제어가 간단함.
③ 너셀(Nacelle) : 풍력발전기에서 발전기가 받는 공기의 흐름(바람)을 조정하기 위한 일종의 덮개로 타워의 상부에 위치함.
④ RPG : 단위시간에 냉각하는 냉각열량(kcal/hr)을 나타내며 냉동능력을 나타내는 단위이고, 냉동톤이라고 함. 1RT는 0℃물 1Ton(1,000 kg)을 24시간동안에 0℃의 얼음으로 만들 때 냉각해야할 열량.

해설 RT
- Ton of Refrigeration으로 단위시간에 냉각하는 냉각열량(kcal/hr)을 나타내며 냉동능력을 나타내는 단위이고, 냉동톤이라고 함. 1RT는 0℃물 1Ton(1,000 kg)을 24시간동안에 0℃의 얼음으로 만들 때 냉각해야할 열량.

RPG (Residential Power Generat)
- 가정용 연료전지 시스템.

88. 내선 규정의 용어정의에 대한 설명으로 틀리는 것은?

① 사람이 접촉될 우려가 있는 장소 : 옥내에서는 바닥에서 저압인 경우는 1.8[m]이상 2.3[m] 이하.

정답 87. ④ 88. ④

② 분기회로 : 간선에서 분기하여 전로에 설치하는 전압측으로부터 최초의 개폐기를 말한다.
③ 수구 : 소켓, 리셉터클, 콘센트 등의 총칭을 말한다.
④ 뱅크(BANK) : 대리석판, 강판, 목판등에 개폐기, 과전류차단기, 계기등을 장비한 집합체를 말한다.

해설
- 뱅크(BANK) : 전로에 접속한 변압기 또는 콘덴서의 결선상 단위를 말한다.
- 배전반 : 대리석판, 강판, 목판등에 개폐기, 과전류차단기, 계기등을 장비한 집합체를 말한다.

89. 내선 규정의 용어정의에 대한 설명으로 틀리는 것은?

① 배선기구 : 전선의 조영재 관통장소등에 사용하는 애관 두께 1.2[mm]이상의 합성수지 관등을 말한다.
② 이격거리 (전선관)는 발, 변전소, 울타리 담등의 높이와 울타리 담등으로부터 충전부분까지의 거리의 합계이며 35 [kV] 이하 – 5[m] (x + y)이다.
③ 발전기에 과전료가 생긴 경우에 자동적으로 이를 전로로부터 차단하는 장치를 시설하여야 한다.
④ 한류퓨우즈 : 단락 전류를 신속히 차단하며 또한 흐르는 단락 전류의 값을 제한하는 성질을 가지는 퓨우즈.

해설
- 애관류 : 전선의 조영재 관통장소등에 사용하는 애관 두께 1.2[mm]이상의 합성수지 관등을 말한다.
- 배선기구 : 개폐기, 과전류차단기, 접속기, 기타 이와 유사한 기구를 말한다.

90. 내선규정관련 과전류보호 및 누전차단에 관한 용어설명이 틀린 것은?

① 단락전류 : 전로의 선간이 임피던스가 적은 상태로 접속되었을 경우에 그 부분을 통하여 흐르는 큰 전류를 말한다.
② 지락전류 : 지락에 의하여 전로의 외부로 유출되어 화재, 인축의 감전 또는 전로나 기기의 상해 등 사고를 일으킬 우려가 있는 전류를 말한다.
③ 과부하전류 : 기기에 대하여는 그 정격전류, 전선에 대하여는 그 허용전류를 어느 정도 초과하여 그 계속되는 시간을 합하여 생각하였을 때 기기 또는 전선의 부하 방지상 자동차단을 필요로 하는 전류를 말한다.
④ 기동전류 : 과부하전류 및 단락전류를 말한다.

정답 89. ① 90. ④

해설
- 과전류 : 과부하전류 및 단락전류를 말한다.
- 기동전류[starting current] : 정지상태에 있는 전동기 등에 전원을 가할 때 흐르는 전류는 운전 상태에 있을 때의 전류(전부하전류)의 5~8배 정도이다. 전동기에 한하여 전원을 가한 순간에 흐르는 전류는 평상전류보다도 큰 것이 보통이다.

91. 내선규정관련 누전차단에 관한 용어설명이 틀린 것은?

① 분기과전류차단기 : 분기회로마다 시설하는 것으로서 그 분기회로의 배선을 보호하는 과전류차단기를 말한다.
② 누전차단장치 : 누전차단장치를 일체로 하여 용기속에 넣어서 제작한 것으로서 용기 밖에서 수동으로 전로의 개폐 및 자동차단후에 복귀가 가능한 것을 말한다.
③ 과전류차단기 : 배선용차단기, 퓨즈, 기중차단기(A.C.B)와 같이 과부하전류 및 단락전류를 자동차단하는 기능을 가지는 기구를 말한다.
④ 배선용차단기 : 전자 작용 또는 바이메탈의 작용에 의하여 과전류를 검출하고 자동으로 차단하는 과전류차단기로서 그 최소동작 전류(동작하고 아니하는 한계전류)가 정격전류의 100%와 125% 사이에 있고 또 외부에서 수동, 전자적 또는 전동적으로 조작할 수 있는 것을 말한다.

해설
- 누전차단장치 : 전로에 지락이 생겼을 경우에 부하기기, 금속제외함 등에 발생하는 고장전압 또는 지락전류를 검출하는 부분과 차단기 부분을 조합하여 자동적으로 전로를 차단하는 장치를 말한다.
- 누전차단기 : 누전차단장치를 일체로 하여 용기속에 넣어서 제작한 것으로서 용기 밖에서 수동으로 전로의 개폐 및 자동차단후에 복귀가 가능한 것을 말한다.

92. 내선규정관련 각종 퓨즈 관한 용어설명이 틀린 것은?

① A종퓨즈 : 저압배선용의 고리퓨즈, 통형퓨즈 또는 플러그 퓨즈로서 그 특성이 배선용차단기에 가깝고 그 최소용단전류(끊어지고 안 끊어지는 한계전류)가 정격전류의 110%와 135% 사이에 있는 것을 말한다.
② 고리퓨즈 : 연합금의 선 또는 판의 양단에 동의 고리를 납땜이나 기타의 방법으로 접착한 것 또는 아연판을 정공하여 그 양단을 고리형으로 한 것을 말한다.
③ 전동기용 퓨즈 : 전동기의 보호에 적합한 퓨즈를 말한다.
④ 한류퓨즈 : 포장퓨즈 이외의 퓨즈를 말하고 방출형 퓨즈를 포함한다.

정답 91. ② 92. ④

해설 - 비포장퓨즈 : 포장퓨즈 이외의 퓨즈를 말하고 방출형 퓨즈를 포함한다.
- 한류퓨즈 : 단락전류를 신속히 차단하며 또한 흐르는 단락전류의 값을 제한하는 성질을 가지는 퓨즈로서 이 성질에 관하여 일정한 규격에 적합한 것을 말한다.

93. 전기안전에 관한 규정의 용어 정의내용이 틀린 것은?

① "안전관리자"라 함은 국민의 생명과 재산을 보호하기 위하여 전기사업법에서 정하는 바에 따라 전기설비의 공사·유지 및 운용에 필요한 조치를 하는 것을 말한다.
② "자가용전기설비"라 함은 전기사업용전기설비와 일반용전기설비를 제외한 전기설비를 말하며, 전기수용설비(비상용예비발전설비 포함)와 발전설비를 말한다.
③ "전기설비"란 발전·송전·변전·배전 또는 전기사용을 위하여 설치하는 기계·기구·댐·수로·저수지·전선로·보안통신선로 및 그 밖의 설비(「댐건설 및 주변지역지원 등에 관한 법률」에 따라 건설되는 댐·저수지와 선박·차량 또는 항공기에 설치되는 것과 그 밖에 대통령령으로 정하는 것은 제외한다)로서 다음 각 목의 것을 말한다.
④ "전기사업용전기설비"라 함은 전기사업자가 전기사업에 사용하는 전기설비를 말한다.

해설 - "안전관리"라 함은 국민의 생명과 재산을 보호하기 위하여 전기사업법에서 정하는 바에 따라 전기설비의 공사·유지 및 운용에 필요한 조치를 하는 것을 말한다.

94. 전기설비의 안전관리를 위한 점검 및 측정과 연도별 실시계획을 수립하고 결정권자의 승인을 얻어 계획적으로 실시하여야 하는 자는?

① 전기안전관리자 ② 전기안전관리보조원
③ 공사 발주자   ④ 공사 시행처

해설 - "전기안전관리규정" 제20조(일상, 정기, 정밀점검, 측정)
① 전기설비의 안전관리를 위한 점검 및 측정은 별표3에 정한 기준에 따라 <u>전기안전관리자</u>가 연도별 실시계획을 수립하고(<u>결정권자</u>)의 승인을 얻어 계획적으로 실시한다.

95. 전기설비의 안전을 확보하기 위한 재해대책 요령이 아닌 것은?

① 지도감독 및 정보전달경로   ② 전기설비의 재해예방 강화대책
③ 인원 및 기자재의 강화대책   ④ 재해의 복구대책

정답 93. ① 94. ① 95. ③

> **해설** - 전기설비의 안전을 확보하기 위한 재해대책 요령은 다음 각호에 대하여 정하여야 한다.
> 1. 지도감독 및 정보전달경로
> 2. 전기설비의 재해예방 강화대책
> 3. 인원 및 기자재의 정비
> 4. 재해의 복구대책

96. 전기안전관리자가 여행, 질병 기타의 사유로 인하여 그 직무를 수행할 수 없을 경우 법 제73조 제5항, 규정에 의거 전기안전관리자의 직무대행자를 지정하여야 하며, 그 전기안전관리자의 직무대행기간은?

   ① 10일 ② 20일 ③ 30일 ④ 60일

> **해설** - 제12조(직무대행자 지정)
> ① 전기안전관리자가 여행, 질병 기타의 사유로 인하여 그 직무를 수행할 수 없을 경우 법 제73조 제5항, 규정에 의거 전기안전관리자의 직무 대행자를 지정하여야 한다.
> ② 전기안전관리자의 직무대행기간은 30일을 초과할 수 없으며, 직무대행자는 다음 자격을 가진 자로 지정하여야 한다.
>   - 안전관리보조원.
>   - 해당분야 국가기술자격증 소지자.
>   - 해당분야 관련학과 졸업자.
>   - 전기설비의 일상적인 운용을 위한 운전·조작 등 업무가능자.

97. 전기안전관리자가 아래 해당하는 경우에는 해임할 수 있는데 그 해임사유가 아닌 것은?

   ① 전기안전관리자가 질병으로 장기결근하거나 정신장해등으로 인하여 안전관리확보상 부적당하다고 인정될 때.
   ② 전기안전관리자가 법령 또는 이 규정에 위반하거나 태만하여 안전관리 확보상 부적당하다고 인정될 때.
   ③ 전기안전관리자가 승진, 전임, 퇴직등이 경우를 제외하고는 그 직을 해임할 수 없다.
   ④ 전기안전관리자는 연도마다 전기설비의 공사유지 및 운용에 종사하는 자에 대하여 매년 당 근무지에 필요한 교육의 연도 계획을 수립을 하지 않고 규정에 의한 교육을 해태하였을 경우.

> **해설** - 4번은 규정에의한 해임사유가 아니다.

정답 96. ③ 97. ④

98. 태양광설비시 각 부품 설비중 손실요인이 가장 큰 것은?

① 모듈자체 손실
② 모듈의 필요이상의 온도상승
③ 인버터 및 변전장치 손실
④ AC전압으로 변환 후 운전시 손실

해설 설계 및 유지관리 상의 손실분석

	손실요인	손실율 [%]	추정전력치 [kWh]	비고
1	모듈자체 손실	약 4.5	1,003	국제 인증 제품 사용
2	모듈의 오염	약 2.5	977	환경 및 유지관리
3	모듈의 온도상승	약 3.5	940	환경 및 설계 시 검토
4	모듈배치 시 그늘짐	약 2.0	919	설계 시 검토
5	DC전압으로 변환시 손실	약 3.5	882	설계 시 인버터 효율 검토
6	최적운전점의 불일치로 인한 손실	약 1.5	866	설계 시 검토
7	인버터 및 변전장치의 손실	약 7.5	788	고효율 기기 채용
8	AC 전압으로 변환 후 운전시 손실	약 3.0	756	설계 시 검토

※ 출처 : 미국 SAI

99. 태양광설비시 각 부품 설비중 설계시 검토하여야 하는 손실요인이 아닌 것은?

① 모듈배치 시 그늘짐.
② 최적운전점의 불일치로 인한 손실.
③ 인버터 및 변전장치의 손실.
④ AC전압으로 변환 후 손실.

해설 - 위 98번 설명 그림 참조.

100. 태양광 인버터 성능 시험 종류가 아닌 것은?

① 절연성능시험   ② 보호기능시험
③ 정상특성 시험   ④ 내부사고 시험

해설 - ①, ②, ③ 외에도 구조시험 과도응답특성시험, 외부사고시험, 내전기환경시험, 내주위환경시험이 있다.

정답 98. ③ 99. ④ 100. ④

제5과목

신재생에너지 관련법규
[예상문제]

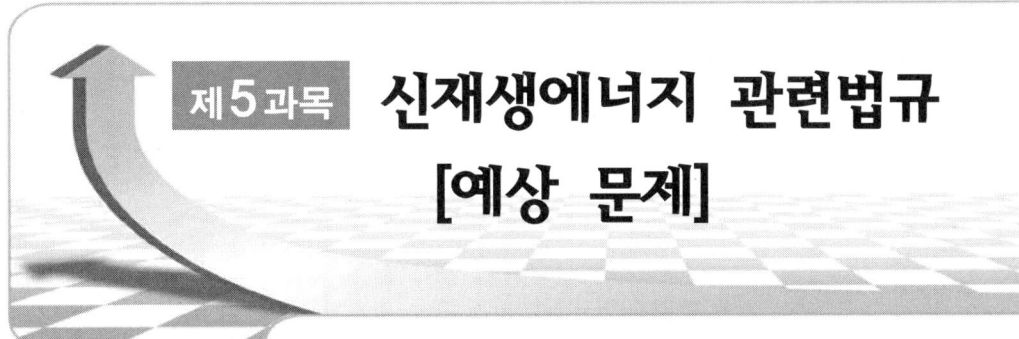

제5과목 신재생에너지 관련법규 [예상 문제]

1. 태양광 설비에 대한 설명으로 맞는 것은?

① 물의 유동 에너지를 변환시켜 전기를 생산하는 설비.
② 바람의 에너지를 변환시켜 전기를 생산하는 설비.
③ 태양의 빛에너지를 변환시켜 전기를 생산, 채광에 이용하는 설비.
④ 수소와 산소의 전기화학 반응으로 전기 또는 열을 생산하는 설비.

> **해설** 태양광설비 : 태양의 빛에너지를 변환시켜 전기를 생산하거나 채광에 이용하는 설비.

2. 신재생에너지 공급인증서 발급 및 거래시장 운영에 관한 규칙에 포함되지 않는 것은?

① 공급인증서의 가격의 결정방법에 관한사항.
② 공급인증서의 거래방법에 관한 사항.
③ 공급인증서 거래의 정산 및 결제에 관한 사항.
④ 공급인증서의 발급, 등록, 거래 및 폐기 등을 제외한 사항.

> **해설** ① 법 제12조의9제2항에 따라 공급인증기관이 제정하는 공급인증서 발급 및 거래시장 운영에 관한 규칙에는 다음 각 호의 사항이 포함되어야 한다.
> 1. 공급인증서의 발급, 등록, 거래 및 폐기 등에 관한 사항.
> 2. 신에너지 및 재생에너지 공급량의 증명에 관한 사항.
> 3. 공급인증서의 거래방법에 관한 사항.
> 4. 공급인증서 가격의 결정방법에 관한 사항.
> 5. 공급인증서 거래의 정산 및 결제에 관한 사항.
> 6. 제1호와 관련된 정보의 공개 및 분쟁조정에 관한 사항.
> 7. 그 밖에 공급인증서의 발급 및 거래시장 운영에 필요한 사항.

정답 1. ③ 2. ④

3. 산업통상자원부장관은 공급의무자가 의무공급량에 부족하게 신·재생에너지를 공급한 경우의 과징금 부과사항으로 옳지않는 내용은?

① 신·재생에너지 공급인증서의 해당 연도 평균거래 가격의 100분의 150을 곱한 금액의 범위에서 과징금을 부과할 수 있다.
② 통지를 받은 자는 통지를 받은 날부터 30일 이내에 과징금을 산업통상자원부 장관이 정하는 수납기관에 내야 한다.
③ 과징금은 분할하여 낼 수 없다.
④ 산업통상자원부장관은 공급 불이행분과 과징금의 금액을 지방자치단체에 통보하여 수납대행 통보를 할 수 있다.

해설 산업통상자원부장관은 공급 불이행분 과징금부과를 직접 통보한다.
- 신에너지 및 재생에너지 개발·이용·보급 촉진법 시행령 제18조의6(과징금의 부과 및 납부)
  ① 산업통상자원부장관은 법 제12조의6제1항에 따라 과징금을 부과하기 위하여 과징금 부과 통지를 할 때에는 공급 불이행분과 과징금의 금액을 분명하게 적은 문서로 하여야 한다. 〈개정 2013.3.23.〉
  ② 제1항에 따라 통지를 받은 자는 통지를 받은 날부터 30일 이내에 과징금을 산업통상자원부장관이 정하는 수납기관에 내야 한다. 다만, 천재지변이나 그 밖의 부득이한 사유로 그 기간에 과징금을 낼 수 없을 때에는 그 사유가 해소된 날부터 7일 이내에 내야 한다. 〈개정 2013.3.23.〉
  ③ 제2항에 따라 과징금을 받은 수납기관은 과징금을 낸 자에게 영수증을 내주어야 한다.
  ④ 과징금의 수납기관은 제2항에 따라 과징금을 받았을 때에는 지체 없이 그 사실을 산업통상자원부장관에게 통보하여야 한다. 〈개정 2013.3.23.〉
  ⑤ 과징금은 분할하여 낼 수 없다.
[본조신설 2010.9.17.]

4. 센터의 운영위원회가 심의를 하는 것이 아닌 것은?

① 연도별 사업계획.
② 센터의 운영규정의 제정 또는 개정에 관한 사항.
③ 분기별 예산에 관한 사항.
④ 그 밖에 센터의 운영에 관하여 운영위원회가 필요하다고 인정하는 사항.

해설 제17조(센터의 조직 및 운영 등)
① 센터에는 소장 1명을 둔다.
② 소장은 「에너지이용 합리화법」 제45조제1항에 따른 에너지관리공단(이하 "공단"이라 한다) 이사장의 제청에 의하여 산업통상자원부장관이 임명한다. 〈개정 2013.3.23〉
③ 소장은 센터를 대표하고, 센터의 사무를 총괄한다.

정답 3. ④ 4. ③

④ 센터의 운영에 관한 다음 각 호의 사항을 심의하기 위하여 센터에 운영위원회를 둔다.
1. 연도별 사업계획 및 예산·결산에 관한 사항.
2. 센터 운영규정의 제정 또는 개정에 관한 사항.
3. 그 밖에 센터의 운영에 관하여 소장이 필요하다고 인정하는 사항.
⑤ 소장은 제4항에 따른 운영위원회의 구성 및 운영 등에 필요한 사항을 산업 통상 자원부장관의 승인을 받아 정한다. 〈개정 2013.3.23〉
⑥ 제1항부터 제5항까지에서 규정한 사항 외에 센터의 조직·정원 및 예산에 관한 사항은 공단의 정관으로 정하며, 센터의 인사 등 운영에 필요한 사항은 소장이 자율적으로 관장한다.
[전문개정 2010.9.24]

5. 일반용전기설비의 범위가 아닌 것은?

① 전압 600볼트 이하로서 용량 75킬로와트.
② 전압 600볼트 이상으로서 용량 100킬로와트.
③ 전압 600볼트 이하로서 용량 10킬로와트 이하 발전기.
④ 심야전력을 이용안 전압 600볼트 이하로서 용량 100킬로와트.

해설 1. 전압 600볼트 이하로서 용량 75킬로와트(제조업 또는 심야전력을 이용하는 전기설비는 용량 100킬로와트) 미만의 전력을 타인으로부터 수전하여 그 수전장소(담·울타리 또는 그 밖의 시설물로 타인의 출입을 제한하는 구역을 포함한다. 이하 같다)에서 그 전기를 사용하기 위한 전기설비.
2. 전압 600볼트 이하로서 용량 10킬로와트 이하인 발전기.

6. 전기설비 검사자의 자격은?

① 해당 분야의 기술사 자격을 취득한 사람.
② 해당 분야의 기사자격을 취득한 사람으로 1년이상의 실무경력이 있는 사람.
③ 해당 분야의 기사자격을 취득한 사람으로 2년이상의 실무경력이 있는 사람.
④ 해당 분야의 기사자격을 취득한 사람으로 3년이상의 실무경력이 있는 사람.

해설 제33조(전기설비 검사자의 자격)
법 제63조 및 법 제65조에 따른 검사는 「국가기술자격법」에 따른 전기·토목·기계 분야의 기술자격을 가진 사람 중 다음 각 호의 어느 하나에 해당하는 사람이 수행하여야 한다.
1. 해당 분야의 기술사 자격을 취득한 사람.
2. 해당 분야의 기사 자격을 취득한 사람으로서 그 자격을 취득한 후 해당 분야에서 4년 이상 실무경력이 있는 사람.
3. 해당 분야의 산업기사 자격을 취득한 사람으로서 그 자격을 취득한 후 해당 분야에서 6년 이상 실무경력이 있는 사람.
[전문개정 2009.11.20]

정답 5. ① 6. ①

필기 완전정복 핵심 500문제 해설

7. 전기안전관리대행사업자가 안전관리 업무를 대행할 수 있는 전기설비의 규모는?

① 용량 1천킬로와트 미만의 전기수용설비.
② 용량 3000킬로와트 이상의 전기수용설비.
③ 용량 1천킬로와트 이상의 전기설비.
④ 용량 300킬로와트 이상의 발전설비.

해설 안전공사, 법 제73조제3항제2호에 따른 전기안전관리대행사업자(이하 "대행사업자"라 한다) 및 법 제73조제3항제3호에 따른 자(이하 "개인대행자"라 한다)가 안전관리업무를 대행할 수 있는 전기설비의 규모는 다음 각 호와 같다.
1. 안전공사 및 대행사업자: 다음 각 목의 어느 하나에 해당하는 전기설비(둘 이상의 전기설비 용량의 합계가 2천500킬로와트 미만인 경우로 한정한다).
   가. 용량 1천킬로와트 미만의 전기수용설비.
   나. 용량 300킬로와트 미만의 발전설비. 다만, 비상용 예비발전설비의 경우에는 용량 500킬로와트 미만으로 한다.
   다. 「신에너지 및 재생에너지 개발·이용·보급 촉진법」 제2조에 따른 태양에너지를 이용하는 발전설비(이하 "태양광발전설비"라 한다)로서 용량 1천킬로와트 미만인 것.
2. 개인대행자: 다음 각 목의 어느 하나에 해당하는 전기설비(둘 이상의 용량의 합계가 1천50킬로와트 미만인 전기설비로 한정한다).
   가. 용량 500킬로와트 미만의 전기수용설비.
   나. 용량 150킬로와트 미만의 발전설비. 다만, 비상용 예비발전설비의 경우에는 용량 300킬로와트 미만으로 한다.
   다. 용량 250킬로와트 미만의 태양광발전설비.
[전문개정 2009.11.20]

8. 전압 구분을 할 때 옳은 것은?

① 특고압 다선식 전로의 중성선과 다른 1선을 전기적으로 접속하여 시설하는 전기설비의 사용전압.
② 저압 직류는 750 V 이하, 교류는 600 V 이하인 것.
③ 고압 직류는 750 V를, 교류는 650 V 초과이고, 7 kv 이하인 것.
④ 특고압 7 kv를 초과하는 것

해설 전기설비기술기준
27. "해양에너지발전설비"란 조력, 조류, 파력 등으로 해수를 이용해 전력을 생산하는 설비를 말한다.
① 전압을 구분하는 저압, 고압 및 특고압은 다음 각 호의 것을 말한다.
   1. 저압: 직류는 750 V 이하, 교류는 600 V 이하인 것.
   2. 고압: 직류는 750 V를, 교류는 600 V를 초과하고, 7 kV 이하인 것.
   3. 특고압: 7 kV를 초과하는 것.

정답 7. ① 8. ②

② 특고압의 다선식 전로(중성선을 가지는 것에 한한다)의 중성선과 다른 1선을 전기적으로 접속하여 시설하는 전기설비의 사용전압 또는 최대 사용전압은 그 다선식 전로의 사용전압 또는 최대 사용전압을 말한다.

【신에너지 및 재생에너지 개발·이용·보급촉진법, 시행령, 시행규칙 포함】

9. 신에너지 및 재생에너지 개발·이용·보급 촉진법의 목적이 아닌 것은?
① 신에너지 및 재생에너지 산업의 활성화를 통하여 에너지원을 다양화 목적으로 한다.
② 에너지의 안정적인 공급, 에너지 구조의 환경친화적 전환 및 온실가스 배출의 감소 목적으로 한다.
③ 국민경제의 발전을 도모하며 저탄소 사회 구현을 통하여 국민의 삶의 질을 높인다.
④ 환경의 보전, 국가경제의 건전하고 지속적인 발전 및 국민복지의 증진에 이바지함을 목적으로 한다.

해설 ③은 저탄소 녹색성장 기본법 설명이다.

10. 신에너지 및 재생에너지 개발·이용·보급 촉진법의 기본계획의 수립권자는?
① 관할소재지 시.도지사
② 산업통상자원부 장관
③ 대통령
④ 환경부 장관

해설 산업통상부장관은 관계 중앙행정기관의 장과 협의를 한 후 신·재생에너지정책 심의회의 심의를 거쳐 신·재생에너지의 기술개발 및 이용·보급을 촉진하기 위한 기본계획을 수립하여야 한다.

11. 신에너지 및 재생에너지 개발·이용·보급 촉진법의 기본계획 포함 사항으로 틀린 내용은?
① 총전력생산량 중 기본 발전량이 차지하는 비율의 목표.
② 기본계획의 목표 및 기간.
③ 기본계획의 추진방법.
④ 신·재생에너지 기술개발 및 이용·보급에 관한 지원 방안.

해설 ①의 내용은 총전력생산량 중 신·재생에너지 발전량이 차지하는 비율의 목표가 맞는 설명이다.

정답 9. ④ 10. ② 11. ①

12. 신·재생에너지의 기술개발 및 이용·보급에 관한 중요 사항을 심의하기 위하여 산업통상자원부에 신·재생에너지정책심의회(이하 "심의회"라 한다)를 둔다. 심의회의 심의내용이 아닌 것은?
    ① 신·재생에너지의 기술개발 동향, 에너지 수요·공급 동향의 변화
    ② 기본계획의 수립 및 변경에 관한 사항
    ③ 신·재생에너지 발전에 의하여 공급되는 전기의 기준가격 및 그 변경에 관한 사항
    ④ 신·재생에너지의 기술개발 및 이용·보급에 관한 중요 사항

    해설 ①의 내용은 산업통상자원부장관이 기본계획에서 정한 목표를 달성하기 위하여 신·재생에너지의 종류별로 신·재생에너지의 기술개발 및 이용·보급과 신·재생에너지 발전에 의한 전기의 공급에 관한 실행계획을 매년 수립·시행하여야 내용에 속한다.

13. 신·재생에너지 이용 건축물에 대한 건축물 인증기관을 지정하는 자는?
    ① 산업통상자원부 장관   ② 시.도지사   ③ 대통령   ④ 국토교통부부 장관

    해설 ① 산업통상자원부장관은 신·재생에너지센터나 그 밖에 신·재생에너지의 기술개발 및 이용·보급 촉진사업을 하는 자 중 건축물인증 업무에 적합하다고 인정되는 자를 건축물인증기관으로 지정할 수 있다.

14. 신·재생에너지 공급의무화에 따른 공급의무자는?
    ① 산업통상자원부 장관   ② 시.도지사   ③ 대통령   ④ 국토교통부 장관

15. 신·재생에너지 공급인증서의 유효기간은?
    ① 1년   ② 2년   ③ 3년   ④ 4년

    해설 ③의 신·재생에너지 공급인증서의 유효기간은 3년이다.

16. 산업통상자원부장관은 공급인증기관이 다음 각 호의 어느 하나에 해당하는 경우에는 산업통상자원부령으로 정하는 바에 따라 그 지정을 반드시 취소하여야 사항은?
    ① 업무정지 처분을 받은 후 그 업무정지 기간에 업무를 계속한 경우
    ② 지정기준에 부적합하게 된 경우
    ③ 시정명령을 시정기간에 이행하지 아니한 경우
    ④ 지식경제부장관은 공급인증기관이 업무정지를 명하여야 하는 경우로서 그 업무의 정지가 그 이용자 등에게 심한 불편을 주거나 그 밖에 공익을 해칠 우려가 있으면 그 업무정지 처분을 갈음하여 5천만원 이하의 과징금을 부과할 수 있다.

정답 12. ① 13. ① 14. ① 15. ③ 16. ①

해설 ①공급인증기관이 업무정지 처분을 받은 후 그 업무정지 기간에 업무를 계속한 경우에는 산업통상자원부령으로 정하는 바에 따라 그 지정을 반드시 취소해야 한다.

17. 신에너지 및 재생에너지 개발.이용.보급촉진법의 벌칙사항의 내용으로 틀리는 것은?

① 거짓이나 부정한 방법으로 발전차액을 지원받은 자와 그 사실을 알면서 발전차액을 지급한 자는 3년 이하의 징역 또는 지원받은 금액의 3배 이하에 처한다.
② 거짓이나 부정한 방법으로 공급인증서를 발급받은 자와 그 사실을 알면서 공급인증서를 발급한 자는 3년 이하의 징역 또는 3천만원 이하에 처한다.
③ 공급인증기관이 개설한 거래시장 외에서 공급인증서를 거래한 자는 2년 이하의 징역 또는 2천만원 이하에 처한다.
④ 거짓이나 부정한 방법으로 설비인증을 받은 자에게는 1천만원 이하를 부과한다.

해설 ④의 내용은 과태료부과 사항이다.

18. 신·재생에너지 설비 설치의무기관(대통령으로 정하는 금액이상)으로 속하지 않는 것은?

① 연간 50억원 이상을 말한다.
② 공시자본금으로 50억원 이상을 출자한 법인.
③ 납입자본금의 100의 50 이상을 출자한 법인.
④ 납입자본금으로 50억원 이상을 출자한 법인.

해설 ②의 내용은 전혀 상관없는 내용이다.

19. 신·재생에너지 공급인증서의 거래 제한의 대상이다 그 설명이 상이한 것은?

① 공급인증서가 발전소별로 5천킬로와트를 넘는 수력을 이용하여 에너지를 공급하고 발급된 경우.
② 공급인증서가 석탄을 액화·가스화한 에너지 또는 중질잔사유를 가스화한 에너지를 이용하여 에너지를 공급하고 발급된 경우.
③ 공급인증서 폐기물에너지 중 화석연료에서 부수적으로 발생하는 폐가스로부터 얻어지는 에너지를 이용하여 에너지를 공급하고 발급된 경우.
④ 공급인증서가 기존 댐을 이용하여 에너지를 공급하고 발급된 경우.

해설 ④ 기존 방조제를 활용하여 건설된 조력(潮力)을 이용하여 에너지를 공급하고 발급된 경우 이다.

정답 17. ④ 18. ② 19. ④

필기 완전정복 핵심 500문제 해설

【전기 사업법, 시행령, 시행규칙 포함】

20. 재해 기타 긴급사태에 있어서 공공의 이익을 확보하기 위하여 특히 필요하다고 인정되는 경우에는 전기를 공급하는 것, 전기의 공급을 받는 것 또는 전기설비의 임대 및 공용하는 것을 명령할 수 있다. 다음 중 정부의 명령대상이 <u>아닌</u> 자는?
    ① 일반전기 사용자
    ② 자가용전기설비설치자
    ③ 발전사업자
    ④ 일반전기사업자

21. 다음 사항중에서 벌칙 규정이 가장 엄하게 되어 징역 또는 벌금형을 받게 되는 것은 어느 것인가?
    ① 무면허기술자를 공사현장에 배치한 경우.
    ② 무면허업자가 전기공사를 수급한 경우.
    ③ 수급한 공사를 일괄 하도급시킨 경우.
    ④ 공사도급인의 비밀을 누설한 경우.

22. 지중전선로에 사용하는 지중함의 시설기준이 <u>아닌</u> 것은?
    ① 견고하고 차량 기타 중량물의 압력에 견딜 수 있을 것.
    ② 그 안의 고인물을 제거할 수 있는 구조일 것.
    ③ 뚜껑은 시설자 이외의 자가 쉽게 열수 없도록 할 것.
    ④ 조명 및 세척이 가능한 장치를 하도록 할 것.

23. 사람이 쉽게 접촉할 우려가 없도록 목주상에 설치한 3150/210~105[V] 배전용 변압기의 외함에 대한 접지공사방법으로 옳은 것은?
    ① 제 1 종 접지공사를 반드시 하여야 한다.
    ② 제 2 종 접지공사를 반드시 하여야 한다.
    ③ 특별 제 3 종 접지공사를 반드시 하여야 한다.
    ④ 접지공사를 생략하여도 된다.

정답 20. ① 21. ② 22. ④ 23. ④

24. 전력계통의 운용에 관한 지시를 하는 곳은?
   ① 급전소   ② 개폐소   ③ 변전소   ④ 발전소

25. 애자 사용공사에 의하여 시설하는 고압옥내배선과 수도관과의 최소 이격거리는 몇[cm]인가?
   ① 10   ② 15   ③ 30   ④ 60

26. 발전소 운전에 필요한 지식 및 기능이 있는 기술원이 상시 모니터링을 하도록 시설되는 발전소는?
   ① 댐식 발전소   ② 수로식 발전소   ③ 원자력 발전소   ④ 내연력 발전소

27. 검사시에 합격이 되지 않았다 하더라도 안전상 지장이 없고 임시사용이 불가피할 경우 어떤 검사의 규정에도 불구하고 당해 전기설비를 임시로 사용할 수 있는 것인가?
   ① 용접검사   ② 입회검사   ③ 정기검사   ④ 사용전 검사

28. 저압 보안공사에 사용되는 목주의 굵기는 말구의 지름이 몇[cm] 이상이어야 하는가?
   ① 8   ② 10   ③ 12   ④ 14

29. 천재 지변 기타 긴급한 사태로 인하여 전기사업용전기설비등이 손괴되거나 손괴될 우려가 있는 경우 몇 일 이내에서의 타인의 토지등의 일시사용이 가능한가?
   ① 10   ② 15   ③ 20   ④ 30

30. 일반전기사업자가 유지하여야 하는 표준전압 220[V]의 유지범위는?
   ① 220 ± 13[V] 이내
   ② 222 ± 13[V] 이내
   ③ 220 ± 22[V] 이내
   ④ 222 ± 22[V] 이내

31. 일반전기사업을 영위하고자 하는 자는 누구의 허가를 받아야 하는가?
   ① 시.도지사
   ② 한국전력공사사장
   ③ 산업자원부장관
   ④ 에너지관리공단이사장

정답 24. ① 25. ② 26. ③ 27. ④ 28. ③ 29. ② 30. ① 31. ③

32. 지중전선로에서 지중전선을 넣은 방호장치의 금속제 부분에는 어느 종류의 접지공사를 하여야 하는가?
   ① 제 1 종 접지공사
   ② 제 2 종 접지공사
   ③ 제 3 종 접지공사
   ④ 특별 제 3 종 접지공사

33. 방전등용 변압기의 2차단락전류나 관등회로인 동작전류가 몇 [mA] 이하인 방전등을 시설하고 방전등용 안정기의 외함 및 방전등용 전등기구의 금속제 부분에 옥내 방전등 공사의 접지공사를 하지 않아도 되는가? (단, 방전등용 안정기를 외함에 넣고 또한 그 외함과 방전등용 안정기를 넣은 방전등용 전등 기구를 전기적으로 접속하지 않도록 시설한다고 한다.)
   ① 25
   ② 50
   ③ 75
   ④ 100

34. 피뢰기를 반드시 시설하여야 할 곳은?
   ① 전기 수용장소내의 차단기 2차측.
   ② 가공전선로와 지중전선로가 접속되는 곳.
   ③ 수전용변압기의 2차측.
   ④ 경간이 긴 가공전선로.

35. 일반전기사업자가 유지하여야 할 전압으로 표준전압 380[V]의 유지전압 범위는?
   ① 380±10[V] 이내
   ② 380±38[V] 이내
   ③ 385±10[V] 이내
   ④ 385±38[V] 이내

36. 전기설비기술기준은 발전, 송전, 변전, 배전 또는 전기사용을 위하여 시설하는 기계, 기구 (A), (B) 기타 시설물의 기술기준을 규정함을 목적으로 한다. (A), (B) 에 해당되는 내용은?
   ① (A) 급전소   (B) 개폐소
   ② (A) 옥내배선   (B) 옥외배선
   ③ (A) 궤도선로   (B) 약전류전선로
   ④ (A) 전선로   (B) 보안통신선로선

정답 32. ③ 33. ② 34. ② 35. ② 36. ④

37. 기계기구 및 전선을 보호하기 위하여 과전류차단기를 전로 중에 시설할 수 있는 곳은?
   ① 다선식 전로의 중성선.
   ② 접지공사의 접지선.
   ③ 전로의 일부에 접지공사를 한 저압가공전선로의 접지측 전선.
   ④ 저압옥내배선의 전원선.

   해설 전기설비 기술기준 189조 - 저압옥내배선의 사용전선
   전광표시 장치·출퇴 표시등 기타 이와 유사한 장치 또는 제어회로 등의 배선에 단면적 0.75㎟ 이상인 다심 케이블 또는 다심 캡타이어 케이블을 사용하고 또한 과전류가 생겼을 때에 자동적으로 전로에서 차단하는 장치를 시설하는 경우.

38. 전기사업자의 지위를 승계한 상속인은 그 사실을 누구에게 신고하여야 하는가?
   ① 전력기술인협회   ② 전기안전관리대행업체
   ③ 산업자원부장관   ④ 시도지사

   해설 전기공사업법 제7조(공사업의 승계)
   ② 공사업자의 지위를 승계한 자는 산업통상자원부령으로 정하는 바에 따라 시·도지사에게 신고하여야 한다.

39. 특별 제 3 종 접지공사를 시공한 저압전로에 지기가 생겼을 때 0.5초 이내에 전로를 차단하는 자동차단기가 설치되었다면 접지저항값은 몇 [Ω] 이하로 하여야 하는가? (단, 자동차단기의 정격감도전류는 300[m] 이다.)
   ① 10   ② 50   ③ 150   ④ 500

40. 일반전기사업자는 공급하는 전기에 전압 및 주파수 등을 측정하여 그 측정결과를 몇 년 이상 보존하여야 하는가?
   ① 1   ② 2   ③ 3   ④ 5

41. 연기대상이 아닌 자가용 전기설비의 공사계획 신고는 공사개시전에 그 공사계획을 누구에게 신고하여야 하는가?
   ① 시, 도지사   ② 국토교통부장관
   ③ 산업통상자원부장관   ④ 한국전력공사사장

정답 37. ④ 38. ④ 39. ② 40. ③ 41. ①

42. 조명용 백열전등을 설치할 때에는 타임스위치를 시설하여야 한다. 일반주택 및 아파트 각 호실의 현관등은 몇 분이내에 소등되는 것으로 하여야 하는가?
    ① 1   ② 3   ③ 5   ④ 7

43. "제 2 차 접근상태"라 함은 가공전선이 다른 시설들과 접근하는 경우에 그 가공전선이 다른 시설들의 상방 또는 측방에서 수평거리로 몇[m] 미만인 곳에 시설되는 상태를 말하는가?
    ① 1.2   ② 2   ③ 2.5   ④ 3

【전기공사사업법, 시행령, 시행규칙 포함】

44. 전기공사업과 관련된 용어의 정의중 틀린 사항은?
    ① 수급인(受給人)"이란 발주자로부터 전기공사를 도급받은 공사업자를 말한다.
    ② 전기공사기술자"란 다음 각 목의 어느 하나에 해당하는 사람으로서 제17조의2에 따라 산업통상자원부장관의 인정을 받은 사람을 말한다.
    ③ 수급인으로서 도급받은 전기공사를 하도급 주는 자는 제외한다.
    ④ 도급자"란 제4조제1항에 따라 공사업의 등록을 한 자를 말한다.

    해설 ④은 공사업자 설명이다.

45. 전기공사관리 내용에 속하는 것은?
    ① 전기공사 도급   ② 전기공사 하도급
    ③ 전기공사의 평가   ④ 전기공사의 제한

    해설 "전기공사관리"란 전기공사에 관한 기획, 타당성 조사·분석, 설계, 조달, 계약, 시공관리, 감리, 평가, 사후관리 등에 관한 관리를 수행하는 것을 말한다.

46. 전기공사업 등록신고는 누구에게 해야 하나?
    ① 관할소재지 시.도지사   ② 산업통상자원부 장관
    ③ 대통령   ④ 전기공사협회장

정답 42. ② 43. ④ 44. ④ 45. ③ 46. ①

해설 공사업을 하려는 자는 지식경제부령으로 정하는 바에 따라 주된 영업소의 소재지를 관할하는 특별시장·광역시장·도지사 또는 특별자치도지사(이하 "시·도지사"라 한다)에게 등록하여야 한다.

47. 다음 중 하도급의 내용중 나머지와 다른 하나는?

① 발주자 또는 수급인은 수급인 또는 하수급인이 정당한 사유 없이 전기공사 결과에 중대한 영향을 초래할 우려가 있다고 인정되는 경우에는 그 전기공사의 도급계약 또는 하도급계약을 해지할 수 있다.
② 공사업자는 전기공사를 하도급 주려면 미리 해당 전기공사의 발주자에게 임원회의를 거쳐서 결과를 통보하여 하도급여부를 알려야 한다.
③ 하수급인은 하도급받은 전기공사를 다른 공사업자에게 다시 하도급 주어서는 아니된다.
④ 도급계약 또는 하도급계약을 해지, 통지를 받은 발주자 또는 수급인은 하수급인 또는 다시 하도급받은 공사업자가 해당 전기공사를 하는 것이 부적당하다고 인정되는 경우에는 대통령령으로 정하는 바에 따라 수급인 또는 하수급인에게 그 사유를 명시하여 하수급인 또는 다시 하도급받은 공사업자를 변경할 것을 요구할 수 있다.

해설 ④ 공사업자는 제1항 단서에 따라 전기공사를 하도급 주려면 미리 해당 전기공사의 발주자에게 이를 서면으로 알려야 한다.

48. 시도지사가 공사업자에게 전기공사법 위반에 해당하면 기간을 정하여 그 시정을 명하거나 그 밖에 필요한 지시를 할 수 있는데 해당없는 내용은?

① 전기공사 하도급을 주거나 다시 하도급을 준 경우
② 공사업자기술능력 및 자본금 등에 미달하게 된 경우.
③ 전기공사기술자가 아닌 자에게 전기공사의 시공관리를 맡긴 경우.
④ 기술기준 및 설계도서에 적합하게 시공하지 아니한 경우.

해설 ②의 내용은 등록취소에 해당한다.

49. 시·도지사가 공사업자에게 반드시 등록 취소 명할 수 있는 내용이 아닌 것은?

① 거짓이나 그 밖의 부정한 방법으로 공사업의 등록을 한 경우.
② 거짓이나 그 밖의 부정한 방법으로 공사업의 등록기준에 관한 신고.

정답 47. ② 48. ② 49. ③

필기 완전정복 핵심 500문제 해설

③ 전기공사업의 기술능력 및 자본금 등에 미달하게 된 경우.
④ 영업정지처분기간에 영업을 하거나 최근 5년간 3회 이상 영업정지처분을 받은 경우.

해설 ③의 내용은 등록취소가 아닌 영업정지 6개월 이내인 경우이다.

50. 공사업자의 등록 취소 내용이 <u>아닌</u> 것은?
① 거짓이나 그 밖의 부정한 방법으로 행위를 한 경우.
② 공사업의 등록을 한 후 1년 이내에 영업을 시작하지 아니하거나 계속하여 1년 이상 공사업을 휴업한 경우.
③ 시.도지사의 시정명령 또는 지시를 이행하지 아니한 경우.
④ 타인에게 성명·상호를 사용하게 하거나 등록증 또는 등록수첩을 빌려 준 경우.

해설 ③의 내용은 등록취소가 아닌 영업정지 6개월 이내인 경우이다.

51. 시·도지사는 공사업자가 시정명령 또는 지시를 받고 이를 이행하지 아니하거나 영업정지처분을 하는 경우 국민에게 심한 불편을 주거나 그 밖에 공익을 해칠 우려가 있을 때에는 영업정지처분을 갈음하여 과징금을 얼마까지 부과할 수 있는가?
① 1백만원
② 1천만원
③ 5천만원
④ 1억원

해설 ②의 내용은 등록취소가 아닌 영업정지 6개월 이내인 경우이다.

52. 산업통상자원부장관 또는 시·도지사는 부당 행정행위의 취소처분을 하려면 청문을 하여야 한다. 그 청문의 내용이 <u>아닌</u> 것은?
① 지정교육훈련기관의 지정취소
② 공사업 등록의 취소
③ 전기공사기술자의 인정취소
④ 시도지사의 시정명령 또는 지시를 이행하지 아니한 경우

해설 ④의 6개월이내의 영업정지의 내용이다.

정답 50. ③ 51. ② 52. ④

53. 전기공사업법에 따른 공사업자의 준수사항이 아닌 것은?

① 공사업의 건전한 발전을 위하여 필요한 진흥시책을 수립·시행할 수 있다.
② 등록 또는 감독업무에 종사하는 공무원은 공사업자에게 피해가 되는 사실을 타인에게 누설하여서는 아니 된다.
③ 지정교육훈련기관의 임원 및 직원은 공사업자에게 피해가 되는 사실을 타인에게 누설하여서는 아니 된다.
④ 공사업자는 전기공사의 발주자가 해당 전기공사의 내용에 관하여 비밀보장을 요구한 경우에는 그 전기공사에 관하여 알게 된 비밀을 누설하여서는 아니 된다.

해설 ①은 산업통상자원부 장관이 행해야 할 사항이다.

54. 공공기관이 신축·증축 또는 개축하는 연면적 1,000㎡ 이상의 건축물에 대하여 예상에너지사용량의 공급 의무비율 이상을 신·재생에너지로 공급토록 의무화하는 제도에서 2018년은 몇 % 이상 인가?

① 20 ② 22 ③ 24 ④ 26

해설

해당연도	2011~12	2013	2014	2015	2016	2017	2018	2019	2020 이후
공급의무 비율(%)	10	11	12	15	18	21	24	27	30

55. 공사업자 또는 시공관리책임자로 지정된 사람의 중대 범죄에 대한 벌칙을 나열하였다. 틀린 설명은?

① 업무상 과실(過失)로 중대한 파손을 일으키게 하여 사람들을 위험하게 한 자 3년 이하의 금고 또는 3천만원 이하의 벌금에 처한다.
② 업무상 과실로 중대한 파손을 일으키게 하여 사람들을 위험하게 한 죄를 범하여 사람을 상해(傷害)에 이르게 한 경우에는 5년 이하의 금고 또는 5천만원 이하의 벌금에 처한다.
③ 업무상 과실로 중대한 파손을 일으키게 하여 사람들을 위험하게 하여 사람을 사망에 이르게 한 경우에는 7년 이하의 금고 또는 7천만원 이하의 벌금에 처한다.
④ 주요 전력시설물의 주요 부분에 중대한 파손을 일으키게 하여 사람들을 위험하게 한 자는 2년 이하의 징역 또는 2천만원 이하의 벌금에 처한다.

해설 ④이 틀린 내용이다. 주요 전력시설물의 주요 부분에 중대한 파손을 일으키게 하여 사람들을 위험하게 한 자는 5년 이하의 징역 또는 5천만원 이하의 벌금에 처한다.

정답 53. ① 54. ③ 55. ④

필기 완전정복 핵심 500문제 해설

56. 아래 어느 하나에 해당하는 자는 1년 이하의 징역 또는 1천만원 이하의 벌금에 처한다. <u>다른 내용 하나는?</u>

① 기술기준 및 설계도서에 적합하게 시공관리하지 아니한 전기공사기술자.
② 거짓이나 그 밖의 부정한 방법으로 전기공사업 등록을 한 자.
③ 공사업 등록증 등의 대여금지 등을 위반한 공사업자 및 그 상대방.
④ 공사업의 경력수첩을 빌려 준 사람 또는 타인의 경력수첩을 빌려서 사용한 자.

[해설] ①은 500만원 이하의 벌금사항이다.

57. 아래 어느 하나에 해당하는 자는 500만원 이하의 벌금에 처한다. <u>다른 내용하나는?</u>

① 공사업의 등록기준에 관한 신고를 하지 아니하고 공사업을 한 자.
② 승계신고를 하지 아니하거나 거짓이나 그 밖의 부정한 방법으로 승계신고를 한 자.
③ 시공관리책임자를 지정하지 아니한 자.
④ 전기공사에 관하여 알게 된 비밀을 누설한 공사업자.

[해설] ④은 300만원 이하의 벌금사항이다.

58. 아래 어느 하나에 해당하는 자는 300만원 이하의 과태료에 처한다. <u>다른 내용 하나는?</u>

① 등록취소처분이나 영업정지처분을 받은 공사업자 또는 그 포괄승계인은 그 처분의 내용을 지체 없이 해당 전기공사의 발주자 및 수급인에게 통지를 하지 아니한 공사업자 또는 그 승계인.
② 공사업자는 등록사항 중 대통령령으로 정하는 중요 사항이 변경된 경우에는 시·도지사에게 신고를 하지 아니하거나 거짓으로 신고한 자.
③ 시공관리책임자의 지정 사실을 알리지 아니한 자.
④ 공사업자는 시.도지사에게 그 업무 및 시공 상황 등에 관한 보고를 하지 아니 했을 때.

[해설] ④는 100만원 이하의 과태료 부과사항 대상이다.

59. 공사업 지정교육훈련기관으로 지정을 받으려는 자는 관련 서류를 첨부하여 산업통상자원부장관에게 제출하여야 한다. 그 내용이 <u>틀린 것은?</u>

① 최근 3년간 전기공사기술인력의 교육실적을 증명하는 서류
② 연면적 200제곱미터 이상의 교육훈련시설의 보유를 증명하는 서류

[정답] 56. ① 57. ④ 58. ④ 59. ③

③ 교육훈련시설의 연면적의 100분의 10 이상의 증감을 말한다.
④ 지식경제부장관은 행정정보의 공동이용을 통하여 법인 등기사항증명서를 확인하여야 한다.

해설 ③은 중요 지정내용의 변경신고사항이다.

【전기설비기술기준】

60. 기계 · 기구 · 댐 · 수로 · 저수지 · 전선로 · 보안통신선로 그 밖의 시설물의 안전에 필요한 성능과 기술적 요건을 규정함을 목적으로 되어 있는 규정은?
① 전기사업법　　　　　　　　② 전기공사업법
③ 전기　　　　　　　　　　　④ 전기설비기술기준

해설 ④은 전기설비기술기준 설명이다.

61. 전기설비기술기준의 안전원칙과 관련된 내용이 <u>아닌</u> 것은?
① 전기설비는 감전, 화재 그 밖에 사람에게 위해(危害)를 주거나 물건에 손상을 줄 우려가 없도록 시설하여야 한다.
② 전기설비는 사용목적에 적절하고 안전하게 작동하여야 하며, 그 손상으로 인하여 전기 공급에 지장을 주지 않도록 시설하여야 한다.
③ 전기설비기술기준에서 규정하는 안전에 필요한 성능과 기술적 요건기준위원회에서 이 고시의 제정 취지로 보아 안전 확보에 필요한 충분한 기술적 근거가 있다고 인정되어 지식경제부장관의 승인을 받은 경우에는 이 고시에 적합한 것으로 판단한다.
④ 전기설비는 다른 전기설비, 그 밖의 물건의 기능에 전기적 또는 자기적인 장해를 주지 않도록 시설하여야 한다.

해설 ③의 내용은 **전기설비기술기준의** 적합성 판단에 관한 내용이다.

62. 서로 관련이 없는 <u>다른 하나는</u>?
① 발전소　　② 변전소　　③ 변압기　　④ 정류기

정답 60. ④　61. ③　62. ①

해설 "변전소"란 변전소의 밖으로부터 전송받은 전기를 변전소 안에 시설한 변압기·전동발전기·회전변류기·정류기 그 밖의 기계기구에 의하여 변성하는 곳으로서 변성한 전기를 다시 변전소 밖으로 전송하는 곳을 말한다.

63. 전기설비기술기준의 용어의 정의 설명으로 어긋나는 것은?

① 탈황, 탈질설비"란 연소시 발생하는 배연가스 중 황화합물과 질소화합물의 농도를 저감하는 설비로서 보일러, 압력용기 및 배관의 부속설비에 포함한다.
② "최고수위(maximum water level : MWL)"란 가능최대홍수량이 저수지로 유입될 경우에 여수로 방류량과 저수지내의 저류효과를 고려하여 상승할 수 있는 가장 높은 수위를 말한다. 최고수위는 설계홍수위와 같거나, 빈도홍수를 설계홍수량으로 채택한 댐의 경우는 설계홍수위보다 높다.
③ 특고압은 그 다선식 전로의 사용전압 또는 최대 사용전압을 말한다.
④ "설계홍수위(flood water level : FWL)"란 설계홍수량이 저수지로 유입될 경우에 여수로 방류량과 저수지내의 저류효과를 고려하여 상승할 수 있는 가장 높은 수위를 말한다. 일반적으로 설계홍수량은 빈도별 홍수유량을 기준으로 산정한다.

해설 ③번 최대 사용전압은 그 다선식 전로의 사용전압 또는 최대 사용전압을 말하며, 특고압은 7 kV를 초과하는 것을 말한다.

64. 전기공급설비 및 전기사용설비 및 일반사항의 내용 중 틀린 것은?

① 전기설비를 접지하는 경우에는 전류가 안전하고 확실하게 대지로 흐를 수 있도록 하여야 한다.
② 변성기 안의 권선과 그 변성기 안의 다른 권선 사이의 절연성능은 사고 시에 예상되는 이상전압을 고려하여 절연파괴에 의한 위험의 우려가 없는 것이어야 한다.
③ 뇌방전으로 인한 과전압으로부터 전기설비의 손상, 감전 또는 화재의 우려가 없도록 피뢰설비를 시설하고 그 밖에 적절한 조치를 하여야 한다.
④ 전선은 접속부분에서 전기저항이 증가 되도록 접속하고 절연성능의 저하 및 통상 사용상태에서 사용 하여야 한다.

해설 ④ 전선은 접속부분에서 전기저항이 증가되지 않도록 접속하고 절연성능의 저하 및 통상 사용 상태에서 단선의 우려가 없도록 하여야 한다.

정답 63. ③ 64. ④

65. 발전소 등에 관한 시설내용이 아닌 것은?

① 고압 또는 특고압의 전기기계기구·모선 등을 시설하는 발전소·변전소·개폐소 또는 이에 준하는 곳에는 위험표시를 하고 취급자 이외의 사람이 쉽게 구내에 출입할 우려가 없도록 적절한 조치를 하여야 한다.

② 발전소·변전소·개폐소 또는 이에 준하는 곳에는 감시 및 조작을 안전하고 확실하게 하기 위하여 필요한 조명 설비를 하여야 한다.

③ 고압 또는 특고압의 전기기계기구·모선 등을 시설하는 발전소·변전소·개폐소 또는 이에 준하는 곳에 시설하는 전기설비는 자중, 적재하중, 적설 또는 풍압 및 지진 그 밖의 진동과 충격에 대하여 안전한 구조이어야 한다.

④ 전기설비의 부지(敷地)의 안정성 확보 및 설비 보호를 위하여 발전소·변전소·개폐소를 산지에 시설할 경우에는 풍수해, 산사태, 낙석 등으로부터 안전을 확보할 수 있도록 시설 하여야 한다.

해설 ④의 내용은 발전소 등의 부지 시설조건에 해당한다.

66. 저압전선로 중 절연 부분의 전선과 대지 사이 및 전선의 심선 상호간의 절연저항은 사용전압에 대한 누설전류가 최대 공급전류의 얼마를 넘지 않도록 하여야하나?

① 1/1,000 ② 1/2,000 ③ 1/3,000 ④ 1/4,000

해설 제27조 (전선로의 전선 및 절연성능)
③ 저압전선로 중 절연 부분의 전선과 대지 사이 및 전선의 심선 상호 간의 절연저항은 사용전압에 대한 누설전류가 최대 공급전류의 1/2,000을 넘지 않도록 하여야한다.

67. 특고압 가공전선로는 단선 또는 도괴에 의해 그 지역에 위험의 우려가 없도록 시설하고 그 지역으로부터의 화재에 의한 전선로의 손상에 의하여 전기사업에 관련된 전기의 원활한 공급에 지장을 줄 우려가 없도록 시설하며 동시에 기타 절연성, 전선의 강도 등에 관한 충분한 안전조치를 하는 경우에 특고압 가공전선로의 시설을 할 수 있다. 그 시설지역은?

① 공업지 ② 시가지
③ 상업중심지 ④ 농공단지

해설 ②시가지, 그 밖의 인가밀집 지역에 시설 할 수 있다.

정답 65. ④ 66. ② 67. ②

68. 전기공급설비의 시설내용이 아닌 것은?

① 고압 또는 특고압의 연접인입선은 다른 시설물 등을 손상시킬 우려가 없고 접촉, 단선 등에 의해 생기는 감전 또는 화재의 위험이 없도록 시설하여야 한다.
② 전선로의 전선 또는 전차선 등은 다른 전선, 다른 시설물 또는 식물과 접근하거나 교차하는 경우에는 다른 시설물 등을 손상시킬 우려가 없고 접촉, 단선 등에 의해 생기는 감전 또는 화재의 위험이 없도록 시설하여야 한다.
③ 지중전선로는 차량, 기타 중량물에 의한 압력에 견디고 그 지중전선로의 매설표시 등으로 굴착공사로부터의 영향을 받지 않도록 시설하여야 한다.
④ 발전소·변전소·개폐소 또는 이에 준하는 곳에 시설하는 가스절연기기및 개폐기 또는 차단기에 사용하는 압축공기장치는 규정에 맞게 시설하여야 한다.

해설 ① 고압 또는 특고압의 연접인입선은 시설하여서는 아니 된다.

69. 저압간선 등의 과전류에 대한 보호에 관한 내용이 아닌 것은?

① 저압간선, 저압간선에서 분기하여 전기기계기구에 이르는 저압의 전로 및 인입구에서 저압간선을 거치지 않고 전기기계기구에 이르는 저압의 전로에는 적절한 곳에 개폐기를 시설함과 동시에 과전류가 생겼을 경우에 그 간선 등을 보호할 수 있도록 자동적으로 전로를 차단하는 장치를 시설하여야 한다.
② 전기사용 장소의 옥내에 시설하는 전동기(정격출력이 0.2 kW 이하의 것을 제외한다)에는 과전류에 의한 그 전동기의 소손으로 인하여 화재가 발생할 우려가 없도록 과전류가 생겼을 때 자동적으로 전로를 차단하는 장치를 시설하고 그 밖에 적절한 조치를 하여야 한다.
③ 전기사용 장소에 시설하는 전기기계기구 또는 접촉전선은 전파, 고주파전류 등이 발생함으로서 무선설비의 기능에 계속적이고 중대한 장해를 줄 우려가 없도록 시설하여야 한다.
④ 교통신호등, 그 밖에 손상으로 공공의 안전 확보에 지장을 줄 우려가 있는 것에 전기를 공급하는 전로에는 과전류에 의한 과열소손으로부터 그 기기들의 전선 및 전기기계기구를 보호할 수 있도록 과전류가 생겼을 때 자동적으로 전로를 차단하는 장치를 시설 하여야 한다.

해설 ③은 무선설비에 대한 장해 방지에 관한 내용이다.

정답 68. ① 69. ③

70. 전기설비기술기준에서 말하는 댐의 종류가 아닌 것은?

① 콘크리트 중력댐 ② 아치댐 ③ 다목적댐 ④ 필댐

해설 ③의 댐은 홍수 방지·발전·관개(灌漑)·수원(水源) 등 여러 가지 목적을 위해 건설된 댐.

71. 필댐 본체에 작용하는 하중이 아닌 것은?

① 자중 ② 동수압 ③ 정수압 ④ 지진력

해설 ②의 동수압은 콘크리트 중력댐과 아치댐 모두 작용하는 하중이다.
 - 동수압 : 관로 내부에 물이 차있거나 흐를 때 관로의 각 지점에 미치는 물의 압력
 - 정수압 : 정지된 유체에 작용하게 되는 압력

72. 댐의 건전성을 감시하기 위한 장치를 시설은 댐의 높이가 몇 m 이상이어야 하나?

① 높이가 5 m 이상
② 높이가 10 m 이상
③ 높이가 15 m 이상
④ 높이가 20 m 이상

73. 콘크리트중력댐 본체의 강도에 대한 설명으로 틀리는 것은?

① 콘크리트 중력댐의 본체는 하단에서 인장응력이 발생되어서는 아니 된다.
② 콘크리트 중력댐의 본체에서 발생되는 압축응력은 사용하는 재료의 허용압축응력을 초과하지 않아야 한다.
③ 콘크리트 중력댐의 본체에서 발생되는 인장응력은 사용하는 재료의 허용인장응력을 초과하지 않아야 한다.
④ 본체의 월류부 부근에서 발생되는 인장응력에 대하여 철근으로 보강해야 한다.

해설 ①은 콘크리트 중력댐의 본체는 그 상류단에서 연직방향의 인장응력이 발생되어서는 아니 된다가 맞는 설명이다.

74. 수로시설에 대한 설명이 아닌 것은?

① 해수를 사용하는 수로에서는 내열성재료를 사용할 것.
② 유목, 쓰레기, 토사 등의 유입에 의하여 현저히 손상을 받을 받지 않을 것.
③ 수로에 사용하는 콘크리트 이외의 재료는 수로에 필요한 화학적 성분 및 기계적 성능을 가질 것.
④ 설계수량을 안전하게 배수할 수 있을 것.

정답 70. ③ 71. ② 72. ③ 73. ① 74. ①

해설 ①은 해수를 사용하는 수로에서는 내식성재료를 사용할 것.

75. 수차 또는 양수식 수력발전소의 양수용 펌프의 설치기준이 아닌 것은?

① 부유물 및 토사 등의 유입에 따른 피해를 현저하게 받지 않을 것.
② 회전부는 부하 또는 입력이 차단되었을 때 최대속도에 대하여 구조상 안전할 것.
③ 발전기의 용량이 50 kVA 이상인 수차일 경우에는 운전 중에 이상이 발생한 경우 수차를 자동적으로 정지시키는 장치를 시설하여야 한다.
④ 물의 유입 또는 유출을 신속하게 차단하는 시설을 수차 또는 양수용 펌프에 설치할 것.

해설 ③번의 발전기의 용량이 500 kVA 이상인 수차일 경우에는 운전 중에 이상이 발생한 경우 수차를 자동적으로 정지시키는 장치를 시설하여야 한다.

76. 풍력터빈의 구조에 대한 설명이 아닌 것은?

① 부하를 차단하였을 때에도 최대속도에 대하여 구조상 안전할 것.
② 풍압에 대하여 구조상 안전할 것.
③ 해상 및 해안가에는 시설에 하지 말아야 한다.
④ 풍력터빈의 점검 또는 수리를 위하여 회전부의 정지 및 고정할 수 있는 구조일 것.

해설 ③번의 해상 및 해안가에 시설하는 경우 염분 및 파랑하중에 대한 영향을 고려할 것.

【전기설비기술기준 및 판단기준】

77. 연료전지 및 태양전지 모듈의 절연내력에 대한 설명으로 어긋나는 것은?

① 최대사용전압의 1.5배의 직류전압을 충전부분과 대지사이에 연속하여 10분간 가하여 절연내력을 시험하였을 때에 이에 견디는 것이어야 한다.
② 1배의 교류전압을 충전부분과 대지사이에 연속하여 10분간 가하여 절연내력을 시험하였을 때에 이에 견디는 것이어야 한다.
③ 교류전압 500V 미만으로 되는 경우에는 500V의 충전부분과 대지사이에 연속하여 10분간 가하여 절연내력을 시험하였을 때에 이에 견디는 것이어야 한다.
④ 전로의 사용전압 400V이상 절연저항치 0.4㏁ 미만 이어야 한다.

정답 75. ③ 76. ③ 77. ④

해설 ④는 전로의 사용전압 400V이상 절연저항치 0.4㏁ 이상 이어야 한다.

전로의 사용전압의 구분		절연저항치
400V미만	대지 전압(접지식 전로는 전선과 대지 간의 전압, 비접지식 전로는 전선간의 전압을 말한다. 이하 같다)이 150V이하인 경우	0.1㏁
	대지 전압이 150V를 넘고 300V이하인 경우(전압측 전선과 중성선 또는 대지 간의 절연 저항)	0.2㏁
	사용전압이 300V를 넘고 400V미만인 경우	0.3㏁
400V이상		0.4㏁

78. 태양전지 발전소의 설치 시설이 아닌 것은?

① 압축공기장치
② 태양전지 모듈
③ 전선
④ 개폐기

해설 개폐기 또는 차단기는 압축공기장치에 속한다.

79. 태양전지 발전소에 시설하는 태양전지 모듈, 전선 및 개폐기 기타 기구시설 요건으로 상이한 것은?

① 충전부분은 노출되지 아니하도록 시설할 것.
② 태양전지 모듈에 접속하는 부하측의 전로에는 그 접속점에 근접하여 개폐기 기타 이와 유사한 기구를 시설할 것.
③ 태양전지 모듈을 병렬로 접속하는 전로에는 그 전로에 단락전류에 견딜 수 있는 경우에도 과전류차단기 기타의 기구를 시설할 것.
④ 태양전지 모듈을 병렬로 접속하는 전로에는 그 전로에 단락이 생긴 경우에 전로를 보호하는 과전류차단기 기타의 기구를 시설할 것.

해설 ③ 태양전지 모듈을 병렬로 접속하는 전로에는 그 전로에 단락전류에 견딜 수 있는 경우에는 과전류차단기 기타의 기구를 시설할 필요가 없다.

80. 태양전지 발전소의 전선시설 요건이 아닌 것은?

① 전선은 공칭단면적 2.5 ㎟ 이상의 연동선 또는 이와 동등 이상의 세기 및 굵기의 것일 것.
② 옥내에 시설할 경우에는 합성수지관공사, 금속관공사, 가요전선관공사 또는 케이블공사로 각 규정에 준하여 시설할 것.

정답 78. ① 79. ③ 80. ③

③ 기계기구의 구조상 그 내부에 안전하게 시설할 수 있을 경우에도 안전을 고려하여 세기 굵기의 규정대로 시설 할 것.

④ 옥측 또는 옥외에 시설할 경우에는 합성수지관공사, 금속관공사, 가요전선관공사 또는 케이블 공사로 각 규정에 준하여 시설할 것.

해설 ③의 기계기구의 구조상 그 내부에 안전하게 시설할 수 있을 경우에는 별도 시설 규정이 없다.

81. 태양전지 모듈의 지지물이 받는 하중종류가 아닌 것은?

① 자중
② 적재하중
③ 적설 또는 풍압
④ 지진

해설 ④ 지진은 진동이며 하중이 아니다.

82. 태양전지 모듈 등의 전선을 옥내에 시설할 경우에 관련시설규정 공사에 준하여 시공을 하여야 하는데 그 종류에 해당하지 않는 시설공사는?

① 금속관공사
② 일반 전기공사
③ 케이블공사
④ 가요전선관공사

해설 ②의 일반 전기공사는 해당사항이 없다.

83. 산업통상자원부장관은 혼합의무자의 혼합의무비율 이행을 효율적으로 관리하기 위하여 혼합의무 관리기관(이하 "관리기관"이라 한다)으로 지정 및 취소할 수 있다. 관련 내용과 틀린 것은?

① 신·재생에너지센터를 지정
② 「석유 및 석유대체연료 사업법」에 따른 한국석유관리원 지정
③ 산업통상자원부장관은 관리기관이 업무정지를 명하여야 하는 경우로서 그 업무의 정지가 그 이용자 등에게 심한 불편을 주거나 그 밖에 공익을 해칠 우려가 있으면 그 업무정지 처분을 갈음하여 5천만원 이하의 과징금을 부과할 수 있다.
④ 산업통상자원부장관은 관리기관이 그 지정을 취소하거나 2년 이내의 기간을 정하여 업무의 전부 또는 일부의 정지를 명할 수 있다.

해설 제23조의6(관리기관의 지정 취소 등)
① 산업통상자원부장관은 관리기관이 다음 각 호의 어느 하나에 해당하는 경우에는 그 지정을 취소하거나 <u>1년 이내</u>의 기간을 정하여 업무의 전부 또는 일부의 정지를 명할 수 있다.

정답 81. ④ 82. ② 83. ④

84. 계통연계 하는 분산형 전원을 설치하는 경우 이상 고장 발생시 자동적으로 분산형 전원을 전력계통으로부터 분리하기 위한 장치를 시설하여야 한다. 그 이상 또는 고장 발생 상황이 아닌 것은?
   ① 동시 전력 운전 상태
   ② 분산형 전원의 이상 또는 고장
   ③ 연계한 전력계통의 이상 또는 고장
   ④ 단독 운전상태

85. 다음 분산형 전원 계통 연계설비 시설내용이 틀리는 것은?
   ① 분산형 전원을 특고압 전력계통에 계통연계하는 경우 연계용 변압기 중성점의 접지는 전력계통의 지락고장 보호협조를 방해하지 않도록 시설하여야 한다.
   ② 특고압 송전 계통 연계시 분산형 전원 운전제어 장치의 시설을 하여야 한다.
   ③ 인버터의 직류측 회로가 비접지인 경우 상용주파수 변압기시설을 해야 한다.
   ④ 계통연계하는 분산형 전원을 설치하는 경우 자동적으로 분산형 전원을 분리하기 위한 장치를 시설해야 한다.

   해설 제281조 (저압 계통연계시 직류유출방지 변압기의 시설) 분산형전원을 인버터를 이용하여 배전사업자의 저압 전력계통에 연계하는 경우 인버터로부터 직류가 계통으로 유출되는 것을 방지하기 위하여 접속점(접속설비와 분산형전원 설치자측 전기설비의 접속점을 말한다)과 인버터 사이에 상용주파수 변압기(단권변압기를 제외한다)를 시설하여야 한다. 다만, 다음 각 호를 모두 충족하는 경우에는 예외로 한다.
   1. 인버터의 직류 측 회로가 비접지인 경우 또는 고주파 변압기를 사용하는 경우
   2. 인버터의 교류출력 측에 직류 검출기를 구비하고, 직류 검출시에 교류출력을 정지하는 기능을 갖춘 경우

86. 신·재생에너지 설비의 지원 등에 관한 기준의 용어로 틀린 것은?
   ① "상계처리"라 함은 신재생에너지 발전설비 설치자가 전기판매사업자로부터 공급받은 전력량에서 전기판매사업자에게 공급한 전력량을 차감전 전기요금을 납부하는 것을 말한다.
   ② 보급보조사업" 이라 함은 법 제27조제1항의 규정에 따른 사업을 추진하기 위한 비용을 정부가 보조하는 사업을 말한다.

정답 84. ① 85. ③ 86. ①

③ 보금자리주택"이라 함은 「보금자리주택 건설 등에 관한 특별법」 제2조제1호 가목의 주택으로서 「임대주택법」 제16조제1항제1호 및 제2호에 따른 임대조건으로 임대하는 주택을 말한다.
④ "전문기업" 이라 함은 법 제22조의 규정에 따라 장관에게 신고한 신·재생에너지 설비 설치전문기업을 말한다.

> **해설** ①은 공급한 전력량을 차감한 후 전기요금을 납부하는 것을 말한다.

87. 신·재생에너지 설비의 지원 등에 관한 기준의 적용범위가 아닌 것은?
① 보급보조사업.
② 금융지원사업.
③ 설치의무기관 등의 신·재생에너지 설비 설치.
④ 설치의무기관 등의 신·재생에너지 설비 공사 전후관리.

> **해설** ④은 설치의무기관 등의 신·재생에너지 설비 공사후관리등에 적용한다.

88. 신·재생에너지 설비의 설치확인을 시행하는 기관은?
① 신재생에너지센터
② 에너지관리공단
③ 시·도지사
④ 한국신·재생에너지협회

> **해설** 제13조(설비의 설치확인 절차) ⑦센터의 장은 규정에 따른 확인 결과 설치확인기준에 적합한 경우에는「신·재생에너지 설비 설치확인서」(전자문서로 된 설치확인서를 포함한다)를 발급하여야 하며, 기준에 부적합한 경우에는 그 사유를 신청인에게 통보하여야 한다.

89. 신·재생에너지 설비의 시장가격 등을 조사하여 신·재생에너지 설비의 월별 기준단가를 매년 정하여 공고하는 자는?
① 신재생에너지시공자
② 신재생에너지센터장
③ 시도지사
④ 에너지 관리공단 이사장

90. 신·재생에너지 설비 지원사업공고 및 지원방법의 공고자는?
① 산업통상자원부 장관
② 신재생에너지센터장
③ 시도지사
④ 에너지 관리공단 이사장

정답 87. ④ 88. ④ 89. ② 90. ①

91. 신·재생에너지 연료 혼합의무 등 의무 불이행에 대한 과징금에 대한 내용으로 틀리는 것은?

① 산업통상자원부장관은 혼합의무자가 혼합의무비율을 충족시키지 못한 경우에는 과징금을 부과할 수 있다.

② 산업통상자원부장관은 제1항에 따른 과징금을 납부하여야 할 자가 납부기한까지 그 과징금을 납부하지 아니한 때에는 국세 체납처분의 예에 따라 징수한다.

③ 산업통상자원부장관은 혼합의무자가 혼합의무비율을 충족시키지 못한 경우에는 대통령령으로 정하는 바에 따라 그 부족분에 해당 연도 평균거래가격의 100분의 150을 곱한 금액의 범위에서 과징금을 부과할 수 있다.

④ 징수한 과징금은 「국세 징수 특별회계법」에 따른 에너지 및 자원사업 특별회계의 재원으로 귀속된다.

해설 제23조의3(의무 불이행에 대한 과징금)
① 산업통상자원부장관은 혼합의무자가 혼합의무비율을 충족시키지 못한 경우에는 대통령령으로 정하는 바에 따라 그 부족분에 해당 연도 평균거래가격의 100분의 150을 곱한 금액의 범위에서 과징금을 부과할 수 있다.
② 산업통상자원부장관은 제1항에 따른 과징금을 납부하여야 할 자가 납부기한까지 그 과징금을 납부하지 아니한 때에는 국세 체납처분의 예에 따라 징수한다.
③ 제1항 및 제2항에 따라 징수한 과징금은 「에너지 및 자원사업 특별회계법」에 따른 에너지 및 자원사업 특별회계의 재원으로 귀속된다. 〈개정 2014.1.1〉

92. 매월 10일까지 지방보급사업 월별 사업비 집행실적을 전월실적 기준으로 센터의 장에게 제출하여야 하여야 하는 자는?

① 산업통상자원부 장관
② 신재생에너지센터장
③ 시도지사
④ 에너지 관리공단 이사장

해설 제30조(보조금 신청과 정산 등)
① 시·도지사는 매월 10일까지 지역지원사업 월별 사업비 집행실적을 전월실적 기준으로 센터의 장에게 제출하여야 한다.
② 시·도지사는 사업이 완료되거나, 폐지가 승인되거나, 회계연도가 종료된 때에는 집행된 보조금을 정산하여 집행잔액, 보조금으로 발생한 이자와 함께 자금관리기관의 장에게 반납하여야 하며, 센터의 장은 그 현황을 반기별로 장관에게 보고하여야 한다.
③ 시·도지사는 사업이 확정된 이후에는 사업계획을 변경하거나 다른 용도로 보조금을 사용할 수 없다.

정답 91. ④ 92. ③

필기 완전정복 핵심 500문제 해설

93. 시.도지사의 업무가 <u>아닌</u> 것은?

① 신·재생에너지 설비를 설치할 경우 사업 발주일을 기준으로 규정에 따른 원별 기준단가를 반영하여야 한다.

② 사업이 완료되거나, 폐지가 승인되거나, 회계연도가 종료된 때에는 집행된 보조금을 정산하여 집행잔액, 보조금으로 발생한 이자와 함께 국가 또는 국가가 지정하는 기관에 반납하여야 하며, 센터의 장은 그 현황을 장관에게 보고하여야 한다.

③ 사업이 확정된 이후에는 사업계획을 변경하거나 다른 용도로 보조금을 사용할 수 없다.

④ 시설보조금을 신청하고자 할 경우에는 해당 지방자치단체가 부담하는 예산의 반영 증빙서류를 첨부「신·재생에너지지방보급사업 보조금 교부신청서」에 따라 신청하여야 하며, 교부받은 보조금을 별도의 계정으로 관리하여야 한다.

해설 ①번의 설명 : 지방자치단체의 장은 신·재생에너지 설비를 설치할 경우 사업 발주 일을 기준으로 규정에 따른 원별 기준단가를 반영하여야 한다.

94. 센터의 장은 설치의무기관의 대상여부를 연 1회 이상 확인한 후 이행 여부를 관리하여야 하며, 그 중 최근 5년간 신축, 증축 또는 개축 건축물의 신·재생에너지 설비 설치여부 결과를 누구에게 보고하여야 하나?

① 산업통상자원부 장관　　② 신재생에너지센터장
③ 시도지사　　　　　　　　④ 에너지 관리공단 이사장

해설 ①번의 설명 : 센터의 장은 설치의무기관의 대상여부를 연 1회 이상 확인한 후 이행 여부를 관리하여야 하며, 그 중 최근 5년간 신축, 증축 또는 개축 건축물의 신·재생에너지 설비 설치여부 결과를 장관에게 보고하여야 한다.

95. 신·재생에너지 설비의 설치가 면제되는 대상건축물이 <u>아닌</u> 것은?

① 신·재생에너지 설비의 설치가 건축물의 구조적 안전성과 주변시설의 안전에 현저히 영향을 미치는 경우

② 일정기간 한시적으로 사용되는 건축물로서 건축물의 사용목적이 일반건축물의 용도와 다른 경우

③ 신·재생에너지 설비를 이용하는데 있어서 연속성이 현저히 낮은 경우

④ 입지조건 설치면제가 타당하다고 센터의 장이 인정하는 경우

정답 93. ①　94. ①　95. ④

해설 ④번의 입지조건의 특수성 등으로 인하여 설치면제가 타당하다고 센터의 장이 인정하는 경우가 정답이다.

96. 신·재생에너지 설비의 아래 사항에 대한 사후관리 업무는 누가 하는가?

> 1. 정부로부터 지원받아 설치한 설비에 대하여 표본조사를 실시하는 등 사후관리 계획을 매년 수립·시행하여야 한다.
> 2. 사후관리 계획을 매년 계획수립 시 시공자에게 가동상태·에너지생산량 등을 조사하여 그 결과를 보고하게 할 수 있다.
> 3. 사후관리를 시행한 후 그 결과를 장관에게 보고하고 필요한 조치를 강구하여야 한다.

① 산업통상자원부 장관 ② 신재생에너지센터장
③ 시도지사 ④ 에너지 관리공단 이사장

97. 센터의 장 및 시행기관의 장은 소관업무를 수행함에 있어서 해당 하는 사실을 확인하였을 때에는 보조금을 환수조치하고 누구에 다시 즉시 보고 하는가?

① 설비설치 소유주 ② 신재생에너지센터장
③ 시도지사 ④ 산업통상자원부 장관

해설 제40조(보조금 환수)
① 센터의 장 및 시행기관의 장은 소관업무를 수행함에 있어서 제1항 각호에 해당하는 사실을 확인하였을 때에는 보조금을 환수조치하고 이를 장관에게 즉시 보고하여야 한다.
② 제2항의 규정에 의거 보조금을 환수조치하는 경우에는 보조금을 반환할 자에게 20일간의 보정 기간을 부여하여야 하며, 이 보정기간내에 보정하지 않을 경우에는 보조금 반환을 명하고 환수 조치한다.

98. 신·재생에너지의 이용·보급을 촉진하고 신·재생에너지 산업의 활성화를 위하여 필요하다고 인정하는 경우 대통령령으로 정하는 바에 따라「석유 및 석유 대체연료 사업법」제2조에 따른 석유정제업자 또는 석유수출입업자(이하 "혼합의무자"라 한다)에게 일정 비율(이하 "혼합의무비율"이라 한다) 이상의 신·재생에너지 연료를 수송용연료에 혼합하게 할 수 있는 자는?

① 산업통상자원부장관 ② 신재생에너지센터장
③ 에너지 관리공단 이사장 ④ 시도지사

해설 제23조의2(신·재생에너지 연료 혼합의무 등)에 관한 법률이 2014. 04. 22. 시행되었다.

정답 96. ② 97. ④ 98. ①

필기 완전정복 핵심 500문제 해설

99. 신재생에너지 발전설비 설치자가 전기사업법 일반용전기설비중, 수전전력량은 상계처리를 할 수 있는 발전설비용량은 몇 kW 인가?

① 발전설비용량 1kW 이하
② 발전설비용량 5kW 이하
③ 발전설비용량 10kW 이하
④ 발전설비용량 20kW 이하

해설 제18조(상계에 의한 전력거래) ① 발전설비용량 10kW 이하 신·재생에너지발전설비·전기발전보일러(전기저장장치·전기자동차시스템의 경우 총 충·방전설비용량이 10kW이하인 것을 말한다) 설치자는 전기판매사업자로부터 공급받는 전력량을 측정하기 위하여 설치된 전기계기등(이하 "수전용 전기계기등"이라 한다)을 이용하여 전력거래를 할 수 있다. 다만, 태양에너지 발전설비는 1000kW 이하로 한다.

100. 시행기관의 장은 사업 참여제한 및 보조금 환수 등 불이익처분받은 자의 이의신청 기간과 시행기관의 이의신청 처리 기간은 각각 얼마인가?

① 20일, 30일
② 20일, 20일
③ 30일, 30일
④ 14일, 30일

해설 제66조(이의신청) ① 제65조의 규정에 의한 제재처분을 받은 자는 처분을 받은 날부터 20일 이내에 별지 제25호서식에 의한 「처분 이의신청서」를 작성하여 처분기관의 장에게 이의신청할 수 있다. ② 시행기관의 장은 이의신청을 받은 날부터 30일 이내에 처리하고 이의신청자 및 센터의 장에게 통보하고 이를 장관에게 보고하여야 한다.

정답 99. ③ 100. ①

신재생에너지 발전설비(태양광) 기사·산업기사

필기 완전정복 핵심 500문제 해설

2018년 6월 10일 인 쇄
2018년 6월 15일 발 행
저 자 김 종 택
발행자 성 대 준
발행처 도서출판 금 호
　　　　서울특별시 성동구 성수2가 333-15
　　　　한라시그마밸리 2차 512호
전 화 02) 498-4816, 02) 498-9385
팩 스 02) 462-1426
등 록 303-2004-000005

※ 본서의 무단복제를 금합니다.

　　　　　　　　　　　　　　　　정가 15,000원